DK 621.981.2

FORSCHUNGSBERICHTE DES LANDES NORDRHEIN-WESTFALEN

Herausgegeben durch das Kultusministerium

Nr. 794

Dipl.-Ing. Reinhard Wilken

Forschungsstelle Blechverarbeitung am Institut für Werkzeugmaschinen und Umformtechnik der Technischen Hochschule Hannover

Das Biegen von Innenborden mit Stempeln

Als Manuskript gedruckt

WESTDEUTSCHER VERLAG / KÖLN UND OPLADEN

1959

ISBN 978-3-663-03346-2   ISBN 978-3-663-04535-9 (eBook)
DOI 10.1007/978-3-663-04535-9

Vorwort

Die Blechumformung gehört zu den wirtschaftlichsten Fertigungsverfahren; sie gestattet, aus wenigem, geschickt angeordnetem Stoff in rasch verlaufenden Arbeitsgängen fertige Gebilde zu schaffen. Neben der Umformung des Bleches zu Hohlkörpern durch Tiefziehen und Drücken steht das Biegen, das ebenfalls eine große Mannigfaltigkeit aufweist.

Die Beherrschung dieser Verfahren bedeutet nicht weniger als die möglichen Umformgrade und die nötigen Umformkräfte für verschiedene Größen und Stoffe der Werkstücke zu kennen. Damit die wissenschaftliche Ermittlung dieser Größen im Rahmen überblickbarer Arbeiten bleibt, ist zweierlei notwendig, nämlich einmal eine technisch-physikalisch begründete Ordnung der Verfahren und zum anderen das Auffinden von Modellbeziehungen. Während diese die Umrechnungen aufgefundener physikalischer Größen auf andere Stoffe und Abmessungen ermöglicht, dient jene der Nutzanwendung auf benachbarte Verfahren.

In diesem Sinne hat der Verfasser der vorliegenden Schrift das "Aufstellen von Innenborden mit Stempeln" in die Gruppe Biegen eingeordnet und für die Übertragbarkeit seiner Ergebnisse auf kleine und große Werkstücke Modellbeziehungen angegeben. Damit gewinnt sie für das große Gebiet von der Feinwerktechnik bis zu den großen aus Grobblech gebauten Geräten Bedeutung.

Die Innenborde dienen teils dem Anschluß anderer Teile, wie Rohren und Flanschen, teils der Versteifung von Blechplatten; in jedem Falle kommt es darauf an, aus dem vorhandenen Stoff möglichst hohe, rißfreie Borde zu gewinnen.

Für die Praxis war es aber auch wesentlich, durch günstigste Werkzeugformen einerseits die Umformung unter möglichst geringen Kräften zu vollziehen, andererseits einwandfreie zylindrische Formen hervorzubringen. Gerade dies scheint mir eine Eigenart einer fertigungstechnischen Forschungsarbeit wie dieser zu sein, daß sie die Grundlagen wissenschaftlich klärt und bis zu Vorschlägen für die praktische Handhabung durchdringt.

Diese Arbeit bildet einen Baustein in der Reihe der Untersuchungen, die das Institut für Werkzeugmaschinen und Umformtechnik der Technischen Hochschule Hannover für die Forschungsgesellschaft Blechverarbeitung e.V., Düsseldorf, unternommen hat. Dieses Forschungsvorhaben hat die Unterstützung der Deutschen Forschungsgemeinschaft gefunden; ihr sei an dieser Stelle der gebührende Dank ausgesprochen.

KIENZLE

ord. Professor und Inhaber des
Lehrstuhles und Institutes für
Werkzeugmaschinen und Umformtechnik
der Technischen Hochschule Hannover

Die vorliegende Arbeit entstand im Institut für Werkzeugmaschinen und Umformtechnik der Technischen Hochschule Hannover.

Dem Institutsleiter, Herrn Professor Dr.-Ing. O. KIENZLE, bin ich für die Anregung zu dieser Arbeit sowie für seine Unterstützung und alle Hinweise zu besonderem Dank verpflichtet.

Herrn Professor Dipl.-Ing. Fr. SCHWERDTFEGER und Herrn Professor Dr.-Ing. E. PESTEL verdanke ich wertvolle Anregungen für die Versuchsauswertung und die Rechnung.

Gleichfalls bedanke ich mich bei den Angehörigen des Institutes und der Werkstatt für die Hilfe, die sie mir während der Arbeit zukommen ließen.

Gliederung

Verzeichnis der Abkürzungen .... S.   9

0. Einleitung und Aufgabenstellung .... S. 11

1. Umformvorgang .... S. 19
   1.1 Werkzeugform und Werkstoffverhalten .... S. 19
       1.11 Bisher übliche Werkzeugformen .... S. 20
       1.12 Gleich- und gegensinniges Arbeiten .... S. 21
       1.13 Kürzeste wirksame Mantellinie für einsinniges
            Biegen .... S. 22
   1.2 Umformvorgang und Kraftverlauf .... S. 34
       1.21 Versuchs- und Meßwerkzeuge .... S. 34
       1.22 Meßergebnisse .... S. 37

2. Erreichbares Aufweitverhältnis .... S. 44
   2.1 Spannungszustand im aufgeweiteten Ringquerschnitt ...... S. 44
   2.2 Gemessenes Aufweitverhältnis .... S. 55
       2.21 Einfluß von Stempelform und Spaltweite .... S. 55
       2.22 Einfluß des Vorlochzustandes .... S. 56
       2.23 Größtes Aufweitverhältnis .... S. 58

3. Stempelkraft .... S. 60
   3.1 Modellgesetze .... S. 61
       3.11 Kräfteverhältnis bei geometrischer Ähnlichkeit .. S. 61
       3.12 Kräfteverhältnis bei gleicher Blechdicke und
            konstantem Aufweitverhältnis .... S. 63
       3.13 Kräfteverhältnis bei unterschiedlichen
            Aufweitverhältnissen .... S. 65
   3.2 Gemessene Stempelkraft .... S. 66
   3.3 Einfluß der Stempelform .... S. 72
   3.4 Einfluß der Spaltweite .... S. 73

4. Zusammengesetzte Formen .... S. 74

5. Zusammenfassung .... S. 76

Literaturverzeichnis .... S. 79

Verzeichnis der Abkürzungen

Abkürzung	Bezeichnung
a	karthesische Koordinate bezogen auf das Werkstück
b	karthesische Koordinate bezogen auf das Werkstück
C	Konstante
d_o	Durchmesser des Vorloches
d_1	Innendurchmesser des gebogenen Bordes
d_1/d_o	Aufweitverhältnis
d_R	Durchmesser des Biegeringes
d_S	Stempeldurchmesser
F	Fehler
h	Stufensprung bei der tabell. Integration
J_1	1. Invariante des Spannungstensors
k	größte Schubspannung, bei der Fließen eintritt
l	Länge des freien Schenkels $l = 1/2 \, (d_R - d_o)$
O	Koordinatenursprung
p	auf den aufgeweiteten Ring ausgeübter Innendruck
p_o	Anfangswert des Innendruckes p
P	Punkt im Koordinatensystem
P_A	Kraftanteil zum Aufweiten (einschl. Reibung)
P_{Ag}	Größtwert von P_A
P_B	Kraftanteil zum Biegen (einschl. Reibung)
P_{Bg}	Größtwert von P_B
P_S	Stempelkraft
P_{Sg}	größte Stempelkraft
r	Halbmesser, Zylinderkoordinate
r_o	Anfangswert des Halbmessers r
r_a	Außenhalbmesser des aufgeweiteten Ringes
r_{ao}	Anfangswert des Halbmessers r_a
r_i	Innenhalbmesser des aufgeweiteten Ringes
r_{io}	Anfangswert des Halbmessers r_i
s	augenblickliche Blechdichte
s_o	Ausgangsblechdicke
t	Zeit, während der die Umformung abläuft
u	Spalt zwischen Stempel und Biegekante $u = \dfrac{d_S - d_R}{2}$
v_r	Radialgeschwindigkeit eines Volumenelementes
v_x	Geschwindigkeit in Richtung der x-Achse
v_y	Geschwindigkeit in Richtung der y-Achse

v_w	Werkzeuggeschwindigkeit
w	radiale Komponente der Verschiebung
x	karthesische Koord., bezogen auf den Biegestempel
y	karthesische Koord., bezogen auf den Biegestempel
z	Zylinderkoordinate
α	Steigungswinkel
δ	Bruchdehnung
Δ	Differenzen bei der tabell. Integration
ε_r	radiale Dehnung in Richtung r
ε_ϑ	Dehnung in Umfangsrichtung
ε_z	axiale Dehnung in Richtung der z-Achse
$\dot\varepsilon_r$	Formänderungsgeschwindigkeit in radialer Richtung
$\dot\varepsilon_\vartheta$	Formänderungsgeschwindigkeit in Umfangsrichtung
φ	Formänderung in Hauptspannungsrichtung
σ	Hauptnormalspannung
σ_m	mittlere Hauptnormalspannung
σ_r	Spannung in Richtung der Koordinate r
σ_ϑ	Spannung in Richtung der Koordinate
σ_z	Spannung in Richtung der Koordinate z
σ'_r	Komponente des Spannungsdeviators
σ'_ϑ	Komponente des Spannungsdeviators
ϑ	Winkelkoordinate

0. Einleitung und Aufgabenstellung

Die Fertigung räumlicher Gebilde aus Blech ist fast stets mit der Aufgabe verbunden, eine zweidimensionale Ausgangsform in eine dreidimensionale Fertigform umzuformen. Im wesentlichen dienen dazu zwei Verfahrensgruppen, nämlich das Biegen und das Bilden von Hohlformen durch Tiefziehen, Streckziehen und Drücken. Davon sind den letzteren Verfahren die weitaus meisten Forschungsarbeiten gewidmet worden; in Deutschland im letzten Jahrzehnt in der Hauptsache im Versuchsfeld für bildsame Formgebung, Stuttgart, unter Leitung von Professor Dr.-Ing. E. SIEBEL.

Dem Biegen hat sich insbesondere das Institut für Werkzeugmaschinen und Umformtechnik der Technischen Hochschule Hannover - geleitet von Professor Dr.-Ing. O. KIENZLE - zugewandt, und zwar zunächst dem Biegen um gerade Achsen [1, 2]. Zwischen diesem einfachen Biegen und dem Tiefziehen steht ein Umformverfahren, für das in den Betrieben und im Schrifttum vielerlei Benennungen gebräuchlich sind, wie Durchziehen (DIN 7952), Abkanten bzw. Einziehen von Lochrändern (AWF-Blatt 1505), Durchziehen von Kragen, Aufstellen von Kragen, Tütenziehen, Stechen, Aushalsen, Anhalsen, Einbördeln, Einstanzen, Düsenstechen, Kragenstechen und Aufweiten. Dies läßt darauf schließen, daß es sich dabei um einen aus der Praxis heraus entwickelten und auf der Grundlage persönlicher Erfahrung bekannten Umformvorgang handelt. Es überrascht dabei nicht, daß die hiermit zusammenhängenden Fragen meist nur am Rande behandelt wurden. So häufig das Verfahren in den Stanzereibetrieben zwar angewendet wurde, gab es doch Probleme, deren Klärung größeren wirtschaftlichen Nutzen versprach, wie das Schneiden oder das Tiefziehen. Ferner mag es auf ein gewisses Denken im einachsigen Spannungszustand zurückzuführen sein, daß man glaubte, dem Werkstoff keine größere Dehnung zumuten zu können, als die im Zugversuch ermittelte Bruchdehnung δ. Wir ordnen dieses Verfahren dem Biegen zu und nennen es "Biegen um gekrümmte Achsen". In der Tat hat es mit dem üblichen Biegen folgendes gemein:

a) kein Gleiten des Werkstoffes über die Kante des Biegeringes

b) Stauchung an der Innenseite, Dehnung an der Außenseite, im Biegeteil

c) die Restpannungen im Biegeteil üben ein Rückbiegemoment aus.

Dazu kommen aber noch Beanspruchungen parallel zur (gekrümmten) Biegeachse, und zwar vor allem erhebliche Zugbeanspruchungen im Bord.

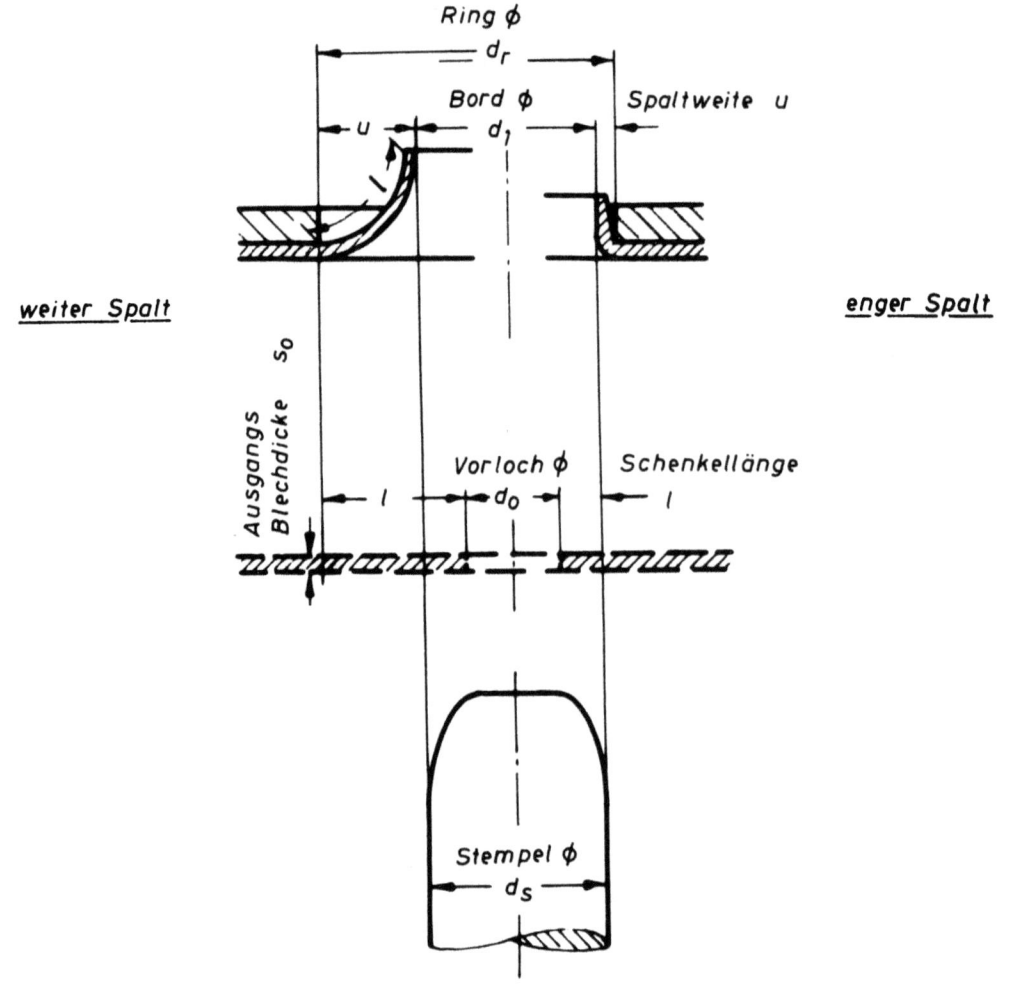

Abbildung 1
Abkürzungen und Formelzeichen

Für die hierbei aus dem ebenen Blech entstehenden räumlichen Gebilde zeigt Abbildung 2 einige Beispiele. Man benutzte sie zunächst in der Feinmechanik, in der die Fertigung seit je großen Einfluß auf die Gestalt der Werkstücke hatte, als Gewindelöcher, wenn das Blech für ein tragfähiges Gewinde zu dünn war und man aus fertigungstechnischen Gründen auf Muttern verzichten wollte [3, 4, 5, 6]. Hierauf bezieht sich auch das im Jahre 1944 erschienene Normblatt DIN 7952: "Blechdurchzüge mit Gewinde". Später kam man im Flugzeugbau darauf, auf diese Weise die Erleichterungsbohrungen zur Versteifung mit heranzuziehen, und mit fortschreitender Entwicklung der Schweißtechnik fand man hierin eine Möglichkeit, im Dampfkessel- und Apparatebau die Schweißnaht aus der höchstbeanspruchten Zone unmittelbar an der Wand herauszuverlegen und die ungünstige Kehlnaht durch eine Stumpfnaht zu ersetzen.

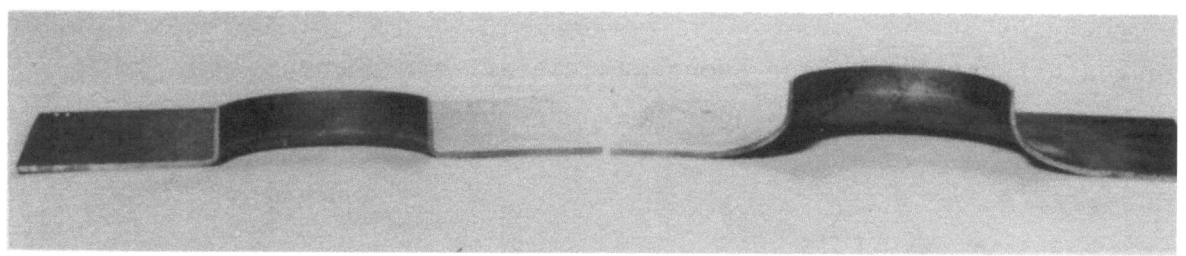
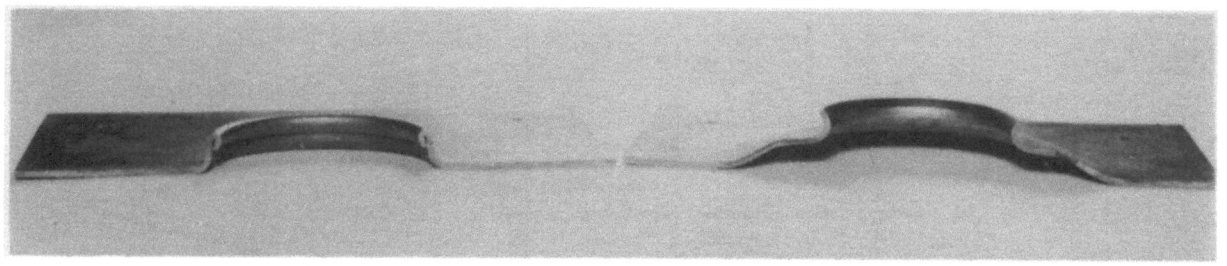

Abbildung 2
Borde mit engem und weitem Spalt gebogen

Im Anschluß an die oben erwähnten Arbeiten über das Biegen von Blechen wurde am Institut für Werkzeugmaschinen und Umformtechnik, Hannover, zunächst mit der Untersuchung sog. "enger" Borde mit kleinem Durchmesser hauptsächlich für Gewinde begonnen, wobei man den Anwendungsbereich vom Feinblech auf das Mittelblech ausdehnte [7].

Der Zweck dieser Arbeit ist es, das Biegen von Borden auf größere Durchmesser, sog. "weite" Borde, auszudehnen, um damit Anwendungsmöglichkeiten auch außerhalb der Feinwerktechnik zu suchen und zum Einsatz dieses fertigungstechnisch vorteilhaften Verfahrens zu ermutigen. Bei größeren Borden lohnen sich auch rechnerische Ansätze, um im voraus die notwendigen Umformkräfte und die mögliche Höhe der Borde bei gegebenen Abmessungen zu ermitteln. Dazu werden der Umformvorgang, die Umformkräfte und die Grenzen des Verfahrens beim Biegen mit Stempeln unter Pressen an vorgelochten Fein- und Mittelblechen von etwa 0,8 bis 6 mm Dicke untersucht. Über die Fertigung runder Borde mit Rollwerkzeugen auf Drückbänken liegen bereits Unterlagen von ELENZ vor [8].

Die Anwendungsmöglichkeiten sind recht mannigfalt und reichen von der Feinwerktechnik bis zum Fahrzeug- und chemischen Apparatebau. In Abbildung 3 sind einige Möglichkeiten angedeutet. Borde können zur Versteifung von Platten und Trägern dienen oder als Fügeelemente für Preßpassungen sowie Schraub- und Nietverbindungen verwendet werden. Mit weitem Spalt gebogen, bieten sie die Möglichkeit, strömungsmäßig und schweißtechnisch günstig ausgebildete Rohranschlüsse mit einfachen

Werkzeugen herzustellen, denn ebensogut wie aus dem ebenen Blech, können sie aus gewölbten Flächen oder Rohren gebogen werden.

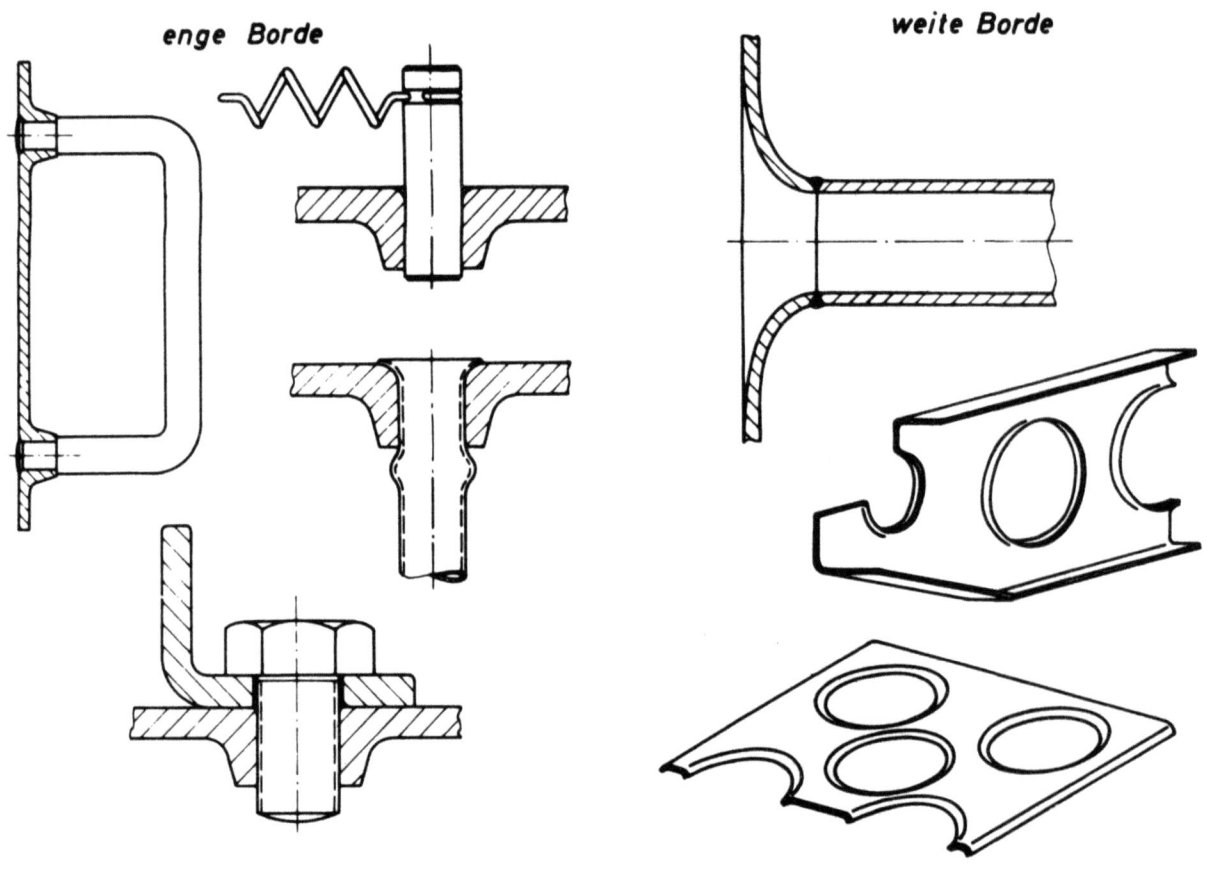

Abbildung 3
Innenborde als Füge- und Versteifungselemente

Aus den wenigen, bei Beginn der Arbeit zur Verfügung stehenden Unterlagen, ließen sich nicht einmal der Einfluß der Werkzeugform oder der Werkstückabmessungen, wie Blechdicke oder Vorloch-Durchmesser, auch nur grob abschätzen. Soweit sie überhaupt Zahlenangaben enthielten, bezogen sich diese lediglich auf die durch Versuche ermittelte oder erfahrungsmäßig abgeschätzte größte Dehnung des Blechwerkstoffes; zwar für eine ganze Reihe verschiedener Werkstoffe, aber immer nur für kleine Durchmesser. Dies erklärt auch, warum es unmöglich war, von vornherein nach einem festen Versuchsplan zu arbeiten; es mußte vielmehr schrittweise jede Meßreihe auf den Ergebnissen der vorausgegangenen Versuche und theoretischen Überlegungen aufgebaut werden.

Damit nun die vorliegende Aufgabe ihren wissenschaftlichen Ort findet und ihre Zusammenhänge mit anderen Aufgaben sowie ihre Abgrenzung gegen diese klar werden, soll dieser Arbeit zunächst eine Übersicht und

Ordnung der verschiedenen Biegeverfahren vorangestellt werden. Sieht man von den Reibkräften ab, so lassen sich die verschiedenen Umformmöglichkeiten in drei Gruppen einteilen; in das Umformen durch äußere Normalkräfte, durch äußere Momente und in das Umformen unter gleichzeitigem Einwirken äußerer Normalkräfte und Momente. Diese Gruppen unterscheiden sich nicht nur durch die Art der Krafteinleitung, sondern bei der Kaltumformung auch durch den Spannungszustand im Werkstoff während und nach der Umformung.

Das Biegen zählt zu der zweiten Gruppe, da es stets darauf ankommt, am Werkstück ein Moment wirken zu lassen. Dies gilt insbesondere für das Biegen um gerade Achsen: im Gesenk biegen, Abkanten, Einrollen, Rundwalzen, teils auf Bleche, teils auf Profile (auch Rohre) bezogen.

Daneben stehen Umformverfahren, bei denen den Momenten zusätzliche Kräfte überlagert sind:

a) Biegen bei Überlagerung von Zugspannungen in der Biegerichtung in Höhe der Fließgrenze (Streckziehen, rückfederungsfreies Biegen nach HUFFORD u.a.)

b) Desgleichen bei Überlagerung von Druckkräften (rückfederungsfreies Biegen durch Prägen der Rundung)

c) Biegen unter gleichzeitiger Querdehnung oder Querstauchung (Biegen um konkav und konvex gekrümmte Achsen, Bördeln). - Überschreitet die Länge der freien Schenkel ein gewisses Maß, kann der Werkstoff durch verschiedene Maßnahmen an der Faltenbildung gehindert werden: Stützen durch Umlegen des Scheibenrandes und durch Kräfte senkrecht zur Blechfläche oder durch örtlichen Abbau der Druckspannungen, indem der Werkstoff zwischen zwei Drückwerkzeugen in den plastischen Zustand überführt wird (Drücken).

d) Umformen durch Zugkräfte in radialer Richtung mit nachfolgendem Biegen um die Kante des Ziehringes und Rückbiegen (Tiefziehen); hierbei Stützen der Blechfläche durch Kräfte senkrecht zu ihr gegen Faltenbildung.

Da die inneren Kräfte im Werkstück den äußeren auf das Werkstück wirkenden Kräften das Gleichgewicht halten müssen, unterscheiden sich die inneren Spannungszustände der in den einzelnen Gruppen zusammengefaßten Verfahren entsprechend. Im Gegensatz zu der ersten Gruppe treten beim Biegen innere Momente auf, die eine unterschiedliche Spannungs- und

Dehnungsverteilung in den einzelnen Werkstoffschichten bewirken: Die äußeren Schichten werden in der Regel stärker gedehnt bzw. gestaucht als die inneren, was z.B. der Grund für die drehende Rückfederung des Werkstoffes nach der Umformung ist.

In der Übersicht Abbildung 4 sind als Biegeverfahren alle Umformverfahren zusammengefaßt, bei denen die Formgebung entweder durch Biegen allein oder unter Überlagerung von Dehnung oder Stauchung quer zur Biegerichtung erfolgt. Als Ordnungsgesichtspunkte dienen die Werkstoffbeanspruchung und die Einleitung des Biegemomentes. Nach der Werkstoffbeanspruchung läßt sich demnach der hier zu untersuchende Umformvorgang als "Biegen mit Querdehnung" oder "Biegen um konkav gekrümmte Achsen" unter die Biegeverfahren einordnen. Die hierunter fallenden Verfahren sind in der Übersicht schraffiert angelegt.

Die gleichen geometrischen Formen können auch aus tiefgezogenen Teilen durch Ausschneiden des Bodens gewonnen werden. Umformvorgang und Werkstoffbeanspruchung sind dabei aber grundverschieden vom Biegen mit Querdehnung. Beim Tiefziehen wird eine Ronde, die nur eine beschränkte räumliche Ausdehnung besitzen darf, in ihrem Außendurchmesser verringert. Die Werkstoffpartien werden dabei durch in der Blechebene wirkende radiale Zugspannungen, denen Druckspannungen in Umfangsrichtung das Gleichgewicht halten, eingezogen und nacheinander um die Ziehkante herumgezogen. Das Biegen und Rückbiegen der einzelnen Querschnitte des stark auf Zug beanspruchten Werkstoffes hat eine Blechdickenabnahme zur Folge, die die Dickenzunahme, hervorgerufen durch das Einziehen der Ronde, wieder rückgängig macht und einen Hohlkörper nahezu konstanter Wanddicke entstehen läßt.

Im Gegensatz dazu unterliegen bei dem vorliegenden Verfahren die Außenpartien keiner maßgeblichen Veränderung. Das Werkstück kann also beliebige Ausdehnung besitzen.

Der Werkstoff wird nicht durch Zugkräfte um die Werkzeugkante herumgezogen, sondern, wie beim Biegen um gerade Achsen, durch ein äußeres Moment gebogen. Dabei bewirkt das Aufweiten vom Vorlochdurchmesser auf den Stempeldurchmesser nach den Fließgesetzen eine Dickenabnahme des freien Schenkels im Verhältnis der Aufweitung.

In der Hauptsache wurden die Versuche an ebenen Blechen aus Tiefziehstahlblech St VIII.23- bzw. für die Blechdicken über 3 mm aus St 37.21- und hartem und weichem Aluminiumblech Al 99,5 h und Al 99,5 w durchgeführt. Die Ergebnisse gelten aber ganz allgemein auch für gewölbte

Biegen um gerade Achsen

In einer Schnittebene, die senkrecht auf die Werkstückfläche trifft, bilden die Krümmungsmittelpunkte der nebeneinander liegenden Querschnitte eine gerade Biegeachse, die parallel zu den Biegeachsen in anderen Schnittebenen läuft und im Falle eines kreisförmigen Querschnittes mit diesen in eine einzige Gerade zusammenfällt.

Werkstoffdehnung bzw. Stauchung in erster Näherung nur in Biegerichtung.

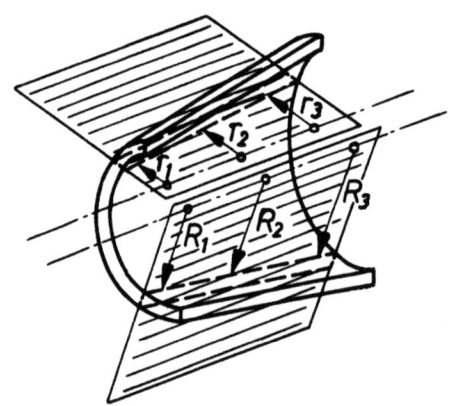

Biegeachse liegt mit Werkstoff-Hauptachse in einer Ebene				Biegeachse bildet mit Ebene durch Hauptachse des Werkstoffs einen Winkel		Die Bi... den eb...
Biegeachse parallel einer Hauptachse		Biegeachse nicht parallel zur Hauptachse (schiefe Biegung)				
Einleitung d. Biegemomentes gleichzeitg. über die gesamte Biegefläche	Biegemomentes nicht gleichzeitig über die gesamte Biegefläche	Einleitung d. Biegemomentes gleichzeitg. über die gesamte Biegefläche	Biegemomentes nicht gleichzeitig über die gesamte Biegefläche	Einleitung d. Biegemomentes gleichzeitg. über die gesamte Biegefläche	Biegemomentes nicht gleichzeitig über die gesamte Biegefläche	Einleitun... gleichzeit... über die ... samte Bie... fläche
z.B. Abkantpresse	z.B. 3-Walzenmasch.	z.B. L-Profil auf Durchbiegen	z.B. L-Profil auf Eckhold-Former	z.B. schräg abbiegen auf Presse	z.B. Federn wickeln	z.B. Biegen von Innenborde...
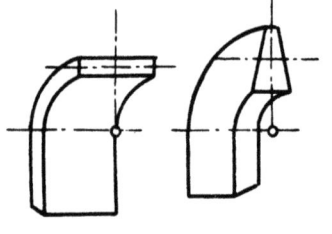		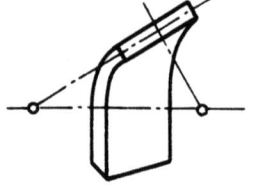		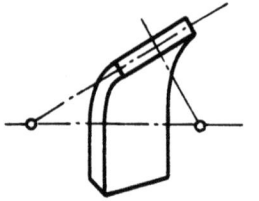	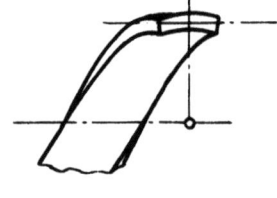	
Wolter-Gerät Biegemaschine Einrollen	Profilwalz-, Rohrbiege-, Betoneisenbiegemaschine		Eckhold-Former Profilbiegen mit Walzen			

Biegen um gekrümmte Achsen

Die Krümmungsmittelpunkte der einzelnen Querschnitte liegen auf Kurven.

Werkstoffdehnung und Stauchung auch quer zur Biegerichtung

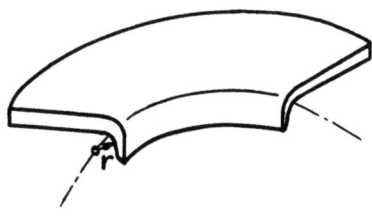

gen um konkave (hohle) Achsen

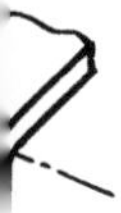

Zusätzliche Dehnung quer zur Biegerichtung

n bil-
en

emomentes
t gleichzei-
über die
mte Biege-
he

B.
rdeln

ken (Hohl-
chlag)

Die Biegeachsen bilden Raumkurven

Einleitung d. Biegemomentes gleichzeitg. über die gesamte Biegefläche

z.B.
Biegen von Innenborden an gewölbten Flächen

Biegemomentes nicht gleichzeitig über die gesamte Biegefläche

Biegen um konvexe (erhabene) Achsen

Zusätzliche Stauchung quer zur Biegerichtung

Die Biegeachsen bilden ebene Kurven

Einleitung d. Biegemomentes gleichzeitg. über die gesamte Biegefläche

z.B.
Pressen von Behälterböden
Biegen von Außenborden

Biegemomentes nicht gleichzeitig über die gesamte Biegefläche

z.B.
Drücken von Behälterböden mit Rollenpilz

Die Biegeachsen bilden Raumkurven

Einleitung d. Biegemomentes gleichzeitg. über die gesamte Biegefläche

z.B.
Karosserieteile

Biegemomentes nicht gleichzeitig über die gesamte Biegefläche

n g 4

everfahren

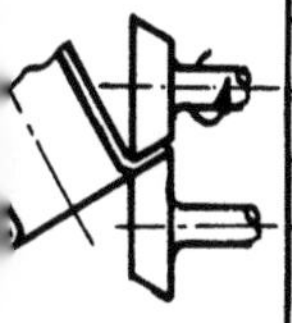

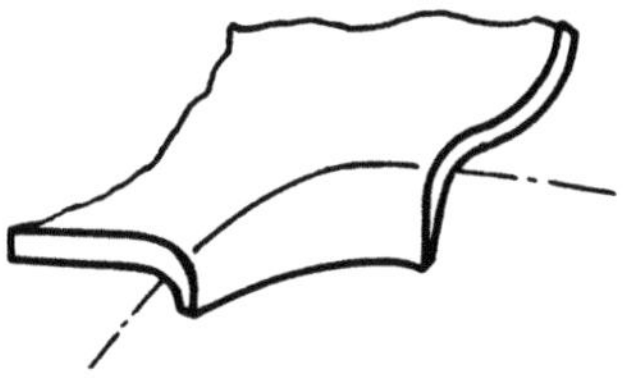

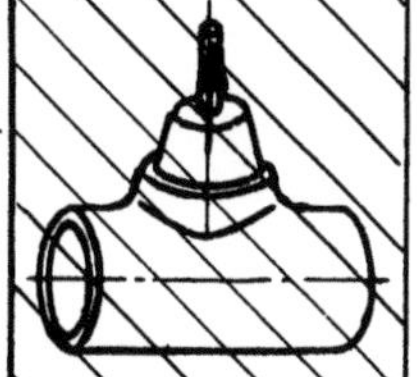

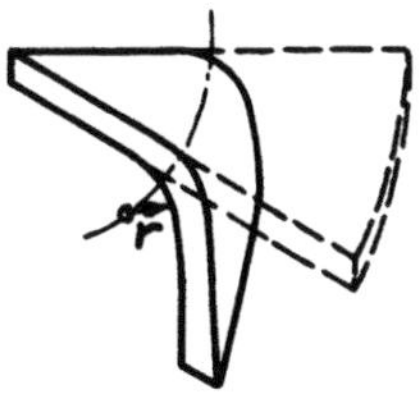

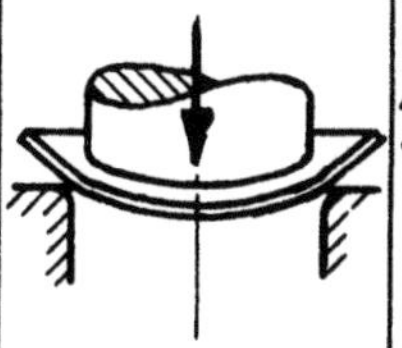

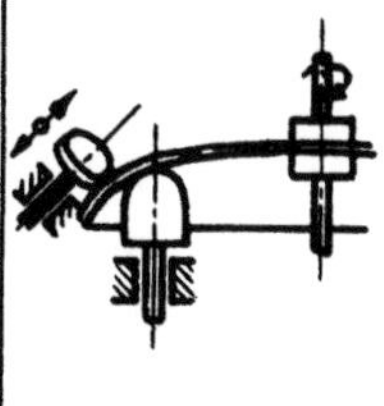

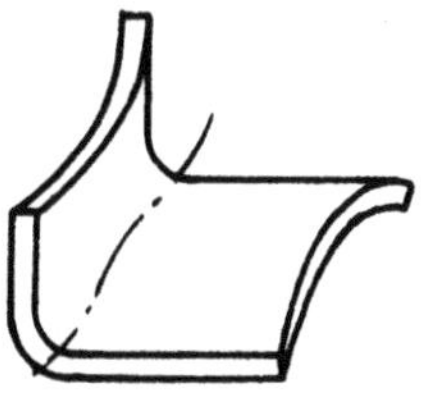

Bleche oder Rohre. Für andere Werkstoffe lassen sie sich nach den aufgefundenen Gesetzen abschätzen oder durch einen einfachen Modellversuch ermitteln.

Im einzelnen wird in folgenden Schritten vorgegangen:

Nach einer Darstellung der im Schrifttum angegebenen und in den Betrieben üblichen Stempelformen wird für das Biegen mit engem und weitem Spalt die Stempelform berechnet, die bei möglichst kurzem Hub die geringste Umformkraft erfordert, sowie der Einfluß der Werkzeugform auf den Umformvorgang und den Kraftverlauf untersucht.

Ein weiterer Abschnitt befaßt sich mit dem beim Biegen von Innenborden erreichbaren Aufweitverhältnissen. Der Spannungszustand im aufgeweiteten Ringquerschnitt wird nach der Plastizitätstheorie berechnet, und daraus und aus Versuchsergebnissen werden die Grenzen des Verfahrens ermittelt.

Aufbauend auf die theoretischen Überlegungen lassen sich Modellgesetze für die zur Umformung nötigen Stempelkräfte ableiten. Die Größe der Umformkräfte, abhängig von den verschiedenen Einflußgrößen, wird als Ergebnis besonderer Versuchsreihen angegeben.

Ein Vergleich der möglichen Aufweitverhältnisse für Borde mit geschlossener Kreisform und solchen, die aus Bogenabschnitten bestehen, die in gerade Schenkel auslaufen, beschließt die Arbeit.

1. Umformvorgang

1.1 Werkzeugform und Werkstoffverhalten

Umformvorgang und Werkstoffverhalten werden durch die Werkstückabmessungen und die Gestalt des Werkzeuges maßgeblich beeinflußt. Entspricht der Spalt u zwischen Biegestempel und Biegering der Blechdicke s, so wird dem fertigen Werkstück seine Gestalt allein durch das Werkzeug aufgezwungen; ist $u > s$, wird das Werkstück eine Endform annehmen, die, ähnlich dem freien Biegen um gerade Achsen [1], außerdem noch von der ursprünglichen Dicke des Werkstoffes s_o, vom Durchmesser des Vorloches d_o, von der Art der Krafteinleitung und von den Werkstoffeigenschaften abhängt. Die Biegelinie während der Umformung hängt selbstverständlich in beiden Fällen $u = s$ und $u > s$ von allen eben angeführten Einflußgrößen ab, insbesondere aber von der die Krafteinleitung bestimmenden Stempelform. Die Werkzeugform hat auch wirtschaftliche Bedeutung.

Da diese Umformvorgänge auf Pressen durchgeführt werden, so kommt es darauf an, eine Form zu finden, die eine geringe Preßkraft bei gleichzeitig möglichst kleinem Arbeitsbetrag erfordert. In anderen Fällen kann es wieder notwendig sein, zu Gunsten eines kurzen Pressenhubes eine höhere Preßkraft in Kauf zu nehmen. Die Umformarbeit, die zusammen mit der Reibarbeit den Gesamtarbeitsbetrag ergibt, wird nach KIENZLE am kleinsten, wenn der Umformvorgang nur einsinnig und nicht gegensinnig verläuft, d.h. wenn die einzelnen Werkstoffpartien während des gesamten Umformvorganges jeweils nur in einer Richtung beansprucht werden, also entweder nur auf Zug oder nur auf Druck. In bezug auf das Biegen um gekrümmte Achsen bedeutet das, daß die Umformarbeit zunimmt, wenn z.B. einzelne Abschnitte erst um die Stempelkante gebogen und dann wieder gestreckt werden. Diesen Fragen soll in diesem Abschnitt nachgegangen werden.

1.11 Bisher übliche Werkzeugformen

Die im Schrifttum angegebenen Formen sind recht unterschiedlich und weisen als Mantellinie meist einfache geometrische Formen auf. Ihre Gestaltung erfolgte wahrscheinlich weniger in Anlehnung an den Umformvorgang, sondern mehr im Hinblick auf einfache Herstellung oder einfaches Zeichnen mit Zirkel und Lineal. Teilweise wird angeregt, die Stempel mit Spitzen oder Ansätzen zu versehen, um die Werkstücke besser zentrieren zu können. Es werden etwa die fünf Grundformen auf Abbildung 5 vorgeschlagen:

1.1 Spitze Form mit geraden Begrenzungslinien (Kegel)

   Der Stempel drückt zunächst auf den Rand des Vorloches, bis die Schenkel an der Kegelfläche anliegen, und weitet dann auf den Schaftdurchmesser auf.
   (Sprung im Übergang zum Schaft)

1.2 Spitze Form mit kreisförmigen Begrenzungslinien
   (stetiger Übergang zum Schaft)

1.3 Kugelform

1.4 Schlanke Form mit abgerundeter Spitze

2 Flache Form mit kleiner Kantenrundung. (Diese entspricht dem Aufweitversuch nach SIEBEL-POMP und ist theoretisch übersichtlicher als die Formen 1.1 bis 1.4.)

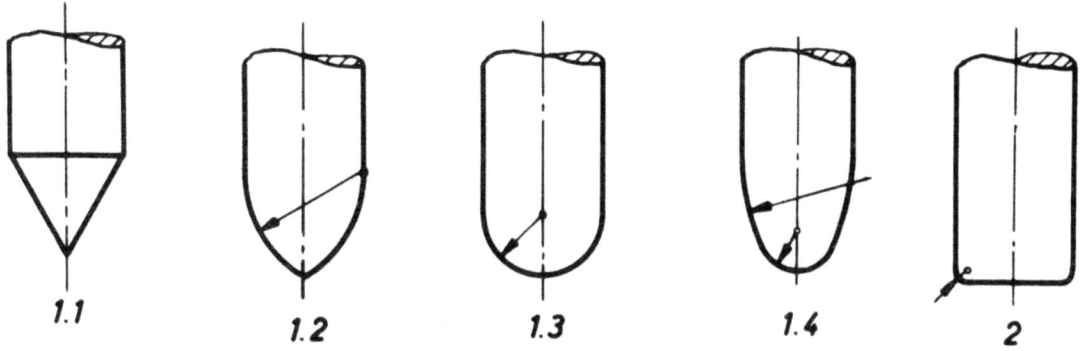

Abbildung 5
Einige im Schrifttum vorgeschlagene Stempelformen

Da diese Stempel für scharfkantig gebogene enge Gewindeborde an verhältnismäßig dünnen Blechen gedacht sind, um in Folge- und Verbundwerkzeugen meist zusammen mit Schneidwerkzeugen eingesetzt zu werden, hat man der für das Biegen und Aufweiten benötigten Kraft und Arbeit keine Beachtung geschenkt. Eher wird man den Einfluß der Stempelform auf den erreichbaren Aufweitdurchmesser und dem Stempelhub berücksichtigt haben.

1.12 Gleich- und gegensinniges Biegen

Bei dicken Blechen und großen Durchmessern muß die Stempelkraft aber durchaus beachtet werden. Vergleicht man in Abbildung 5 die Formen 1.1 bis 1.4 mit Form 2, so wird deutlich, daß das Vorloch nach Abbildung 6 aufgeweitet und dann der Werkstoff um die Stempelkante herumgezogen wird. Dieser Stempel kommt mit dem absolut kleinsten Hub aus, denn sein Umformweg braucht nur gleich der Schenkellänge l und Blechdicke s zu sein, während er bei allen anderen Formen größer sein muß und erfordert somit, da die Arbeit, überschlägig gerechnet, die gleiche bleibt, die größte Kraft (was später auch nachgewiesen wird). Der Werkstoff muß jedoch zusätzlich zum Aufweiten und Biegen um die Kante des Ringes noch um die Stempelkante gebogen und wieder gestreckt werden, mit anderen Worten: er wird gegensinnig umgeformt.

Im Gegensatz dazu biegt ein schlanker Stempel, der wie in Abbildung 7 am Rand des Vorloches, d.h. am längsten Hebelarm, angreift, bei kleinerer Stempelkraft, aber längerem Hub. Bei Stempelformen wie 1.1 und 1.3, die zunächst an der Vorlochkante und später an einem Punkt des freien Schenkels mit größerem Durchmesser angreifen (Abb. 19 und 20), beginnt der Vorgang zunächst wie in Abbildung 7, um dann in einem Zwischenzustand mehr oder weniger in einen Vorgang nach Abbildung 6 überzugehen.

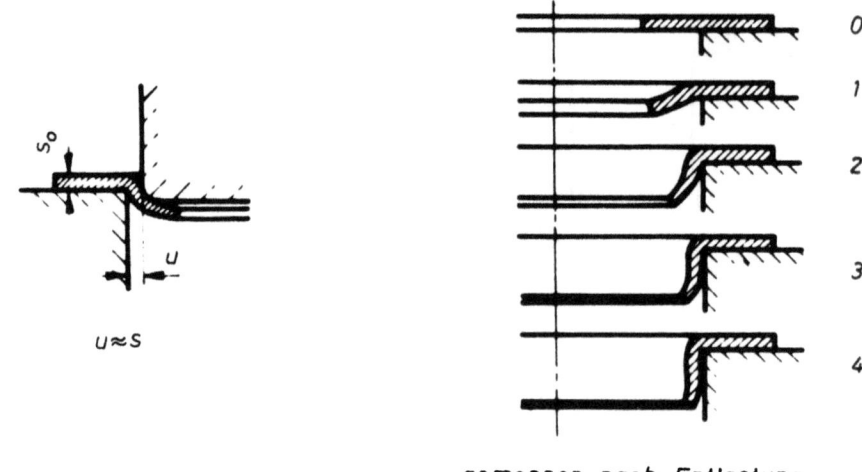

A b b i l d u n g 6
Aufweiten mit flachem Stempel

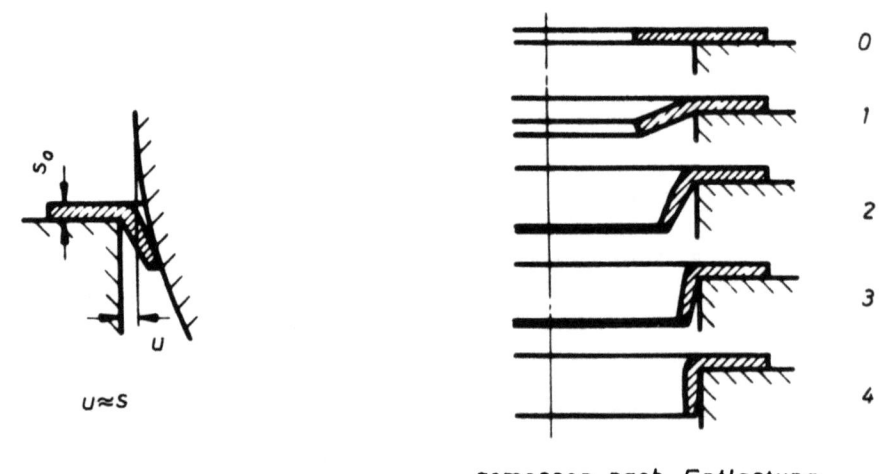

A b b i l d u n g 7
Biegen mit schlankem Biegestempel

1.13 Kürzeste wirksame Mantellinie für einsinniges Biegen

Die Länge der wirksamen Mantellinie des Stempels, das ist die Mantellinie zwischen den Berührungspunkten am Anfang und Ende der Umformung, ist wichtig, weil von ihr der Stempelhub und damit die Reibarbeit abhängen. Daher soll zunächst für zwei Grenzfälle untersucht werden, welche aller möglichen Stempelformen für ein einsinniges Biegen die kürzeste Mantellinie besitzt.

Nach dem Fließgesetz [9]

$$\varphi_1 : \varphi_2 : \varphi_3 = (\sigma_1 - \sigma_m) : (\sigma_2 - \sigma_m) : (\sigma_3 - \sigma_m)$$

mit $\sigma_1 > \sigma_2 > \sigma_3$

und $\sigma_m = 1/3 \ (\sigma_1 + \sigma_2 + \sigma_3)$

tritt Fließen nur in den Hauptspannungsrichtungen ein; die Formänderung φ_2 in Richtung der mittleren Hauptspannung σ_2 ist meist verschwindend klein [10]. Im vorliegenden Fall ist eine Spannungsverteilung nach Abbildung 8 zu erwarten:

in radialer Richtung: Druck (vom Stempel herrührend)
in Umfangsrichtung: Zug (hält radialer Spannung das Gleichgewicht)
in Achsrichtung: Zug (Übertragung der Stempelkraft)

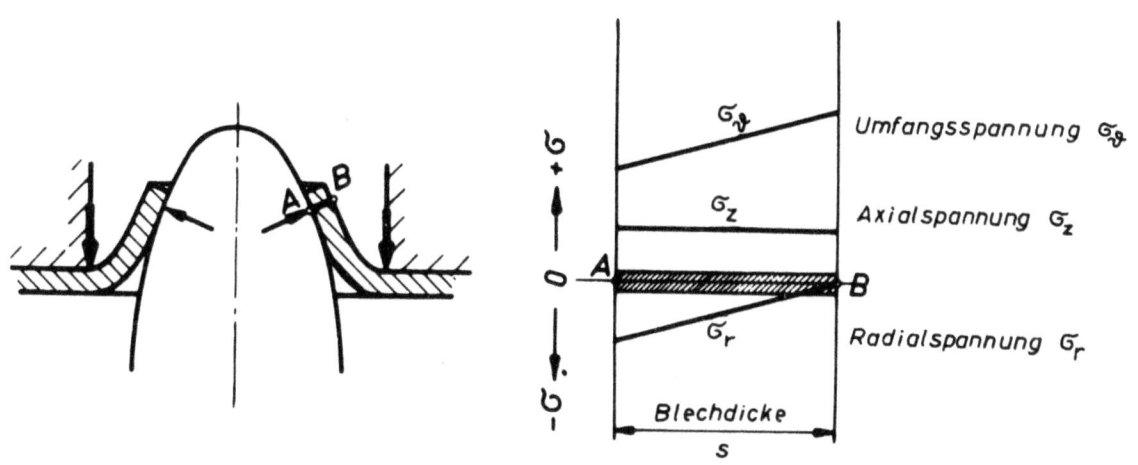

A b b i l d u n g 8
Spannungsverteilung im Querschnitt A - B

Die Axialspannung σ_z ist demnach mittlere Hauptspannung, und es findet in Achsrichtung keine nennenswerte Formänderung statt. Die Länge des freien Schenkels bleibt erhalten und die Blechdicke s_o nimmt entsprechend der Volumenkonstanz ab. Diese Aussage gilt unabhängig von Spaltweite und Stempelform.

Für die Untersuchung der Biegelinie nehmen wir zwei Grenzfälle an. In dem einen Grenzfall sei der Vorlochdurchmesser d_o groß im Verhältnis zur Blechdicke und die Schenkellinie kurz; dann verläuft die Biegelinie, solange der Stempel am Rand des Vorloches angreift, ähnlich dem freien Biegen eines Bleches konstanter Breite um gerade Achsen, wie es von

WOLTER beschrieben wurde [1]. Diese nähern wir in der Rechnung für den gesamten Umformvorgang durch eine Gerade konstanter Länge an, die nur in der Zone unmittelbar an der Kante scharf gebogen wird. Diese Annahme entspricht etwa den Verhältnissen bei engem Spalt $u = s_o$ (Abb. 11).

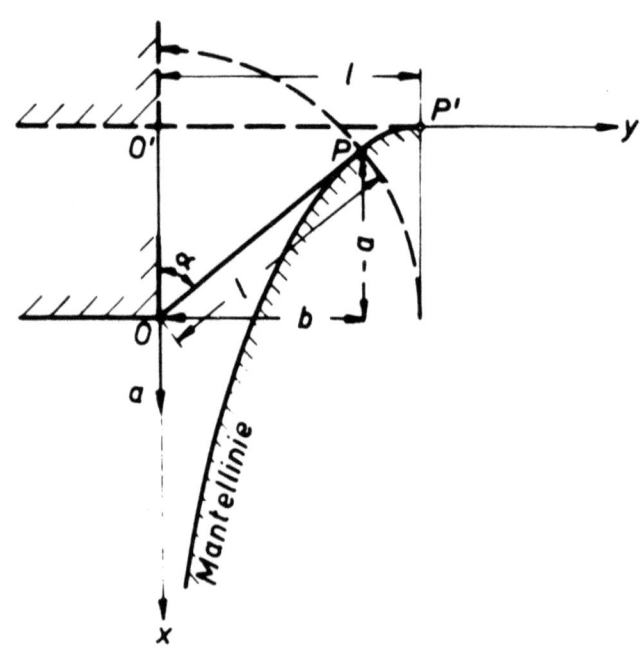

Abbildung 9
Berechnung der Mantellinie für engen Spalt

Im anderen Grenzfall soll der Spalt u ein Mehrfaches der Blechdicke s betragen und damit der Vorlochdurchmesser klein im Verhältnis zum Ringdurchmesser sein. Dann bildet die Biegelinie des freien Schenkels einen freien Bogen, wie er in Abbildung 10 dargestellt ist. Sie entspricht der Biegelinie des einseitig eingespannten Kreisausschnittes bei gleichbleibender Blechdicke s und für so kleine Winkel α, daß man die Krümmung der Biegekante vernachlässigen kann. Da die Biegelinie eines einseitig eingespannten Trägers konstanter Dicke und dreieckförmiger seitlicher Begrenzung bei Punktlast auf der Spitze einen Kreisbogen bildet (Hütte I/27), besitzt auch die Biegelinie des bei weitem Spalt gebogenen Bordes angenähert Kreisform (Abb. 10).

Unter diesen Voraussetzungen ist es in beiden Fällen möglich, die Stempelform mit der kürzesten Mantellinie zu berechnen. Für den ersteren Fall - scharfkantige Biegung bei engem Spalt $u = s$ - muß sie folgenden Bedingungen genügen (Abb. 9):

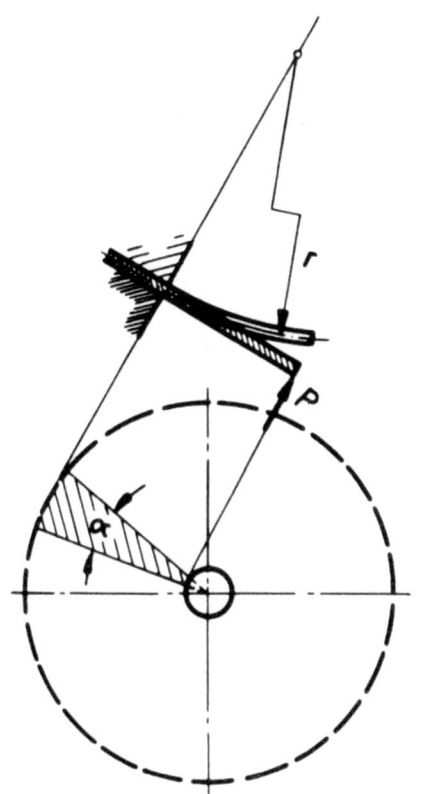
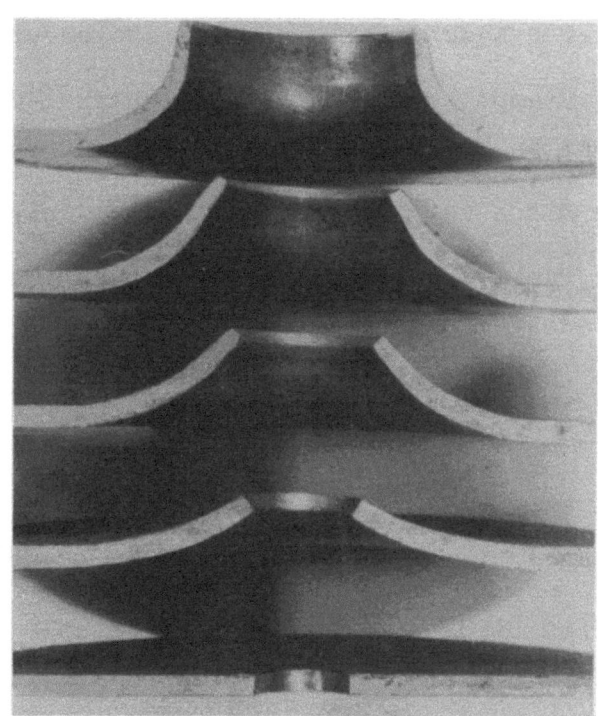

Abbildung 10
Biegen mit weitem Spalt

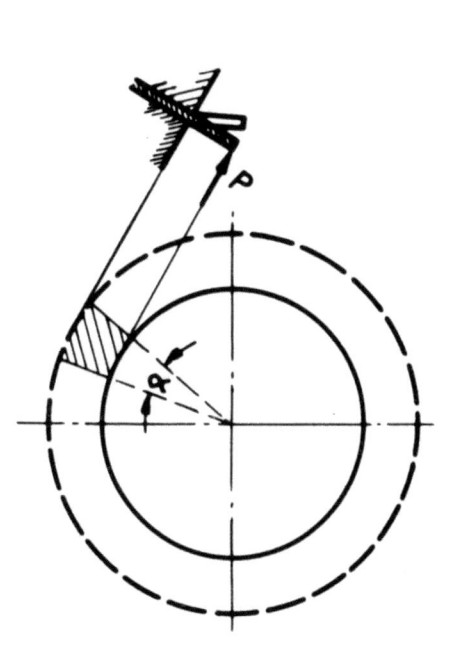
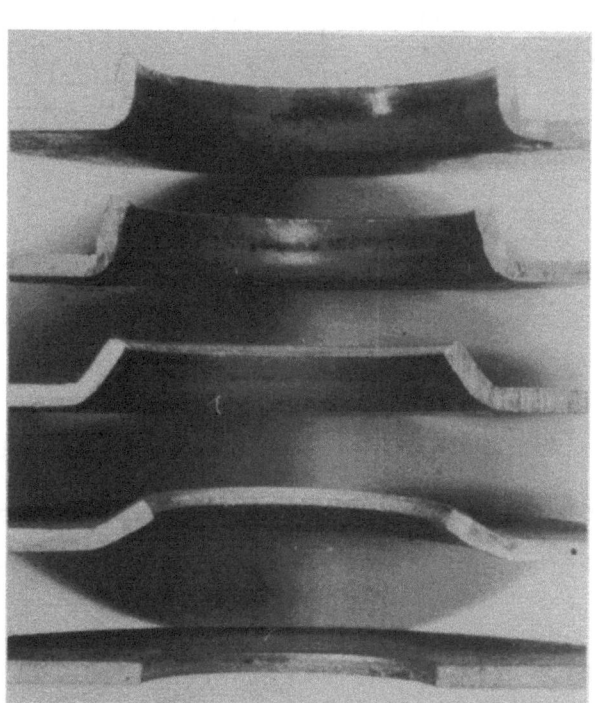

Abbildung 11
Biegen mit engem Spalt

1. Die Mittellinie des abgebogenen Werkstückes ist eine Gerade konstanter Länge (Krümmung nur unmittelbar an der Biegekante). Der Punkt P beschreibt einen Kreisbogen um den Punkt O
2. Der Stempel soll den freien Schenkel des Werkstückes während des gesamten Umformvorganges in P berühren
3. Das Blech ist Tangente der Mantellinie am Berührungspunkt P
4. Der Punkt O bewegt sich relativ zur Mantellinie von O' aus auf einer Geraden (x - Achse)

Die Geschwindigkeit des Punktes O ist

$$v_y = 0 \text{ und}$$
$$v_x = v_W = \text{const}$$

P beschreibt dabei einen Kreisbogen um O nach $l^2 = a^2 + b^2$. Daraus folgt für die Steigung dy/dx der Mantellinie mit

$$y = b \quad \text{und}$$
$$tg\alpha = \frac{b}{a} = \frac{b}{\sqrt{l^2 - b^2}}:$$
$$\frac{dy}{dx} = tg\alpha = \frac{y}{\sqrt{l^2 - y^2}} \tag{101}$$
$$dx = \frac{\sqrt{l^2 - y^2}}{y} \cdot dy$$
$$x = \left[\pm \sqrt{l^2 - y^2} - l \cdot \ln\left(\frac{l + \sqrt{l^2 - y^2}}{y}\right)\right] + C \tag{102}$$

Aus der Randbedingung

$$x = 0 \quad \text{für} \quad y = y_o = l$$

ergibt sich

$$0 = 0 - 0 + C$$
$$C = 0$$

Für y = 0 muß x = + ∞ werden, d.h., es gilt das negative Vorzeichen. Die Gleichung der Mantellinie im x,y-System lautet demnach:

$$x = l \cdot \ln\left(\frac{l + \sqrt{l^2 - y^2}}{y}\right) - \sqrt{l^2 - y^2} \; . \tag{103}$$

Die Gleichung dieser Kurve, die als HUYGENSsche Traktrix oder Schleppkurve (Evolvente der Kettenlinie $y = y_o \cdot \cosh x/y_o$) bezeichnet wird, kann auch in der Parameterform mit t als Parameter geschrieben werden (Hütte I/27):

$$x = 1 \cdot (t - \operatorname{tgh} t) \qquad (104)$$

$$y = 1 \ / \cosh t \qquad (105)$$

Die x-Achse und damit die Mantellinie des zu erzeugenden Zylinders ist nur Asymptote der Schleppkurve. Aus Spalte 3 und 5 der Tabelle 1 (l = Länge des freien Schenkels) geht jedoch hervor, daß für eine Stempellänge

x = 2 l   der Abstand   y ≈ 0,1   l
x = 3 l   "   y ≈ 0,04   l   und
x = 4 l   "   y ≈ 0,015 l   beträgt.

Tabelle 1

x/l = t - tgh t			y/l = 1/cosh t	
1	2	3	4	5
t	tgh t	x/l=t-tgh t	cosh t	y/l=1/cosh t
0	0	0	1	1
0,200	0,197	0,003	1,020	0,980
0,400	0,380	0,020	1,081	0,926
0,600	0,337	0,063	1,186	0,844
0,800	0,664	0,136	1,337	0,748
1,000	0,762	0,238	1,543	0,647
1,200	0,834	0,366	1,811	0,552
1,400	0,885	0,515	2,151	0,465
1,600	0,922	0,678	2,378	0,391
2,000	0,964	1,036	3,762	0,266
2,500	0,987	1,513	6,132	0,163
3,000	0,995	2,005	10,068	0,099
3,500	0,998	2,502	16,573	0,060
4,000	0,999	3,001	27,31	0,037
5,000	1,000	4,000	74	0,015
6,000	1,000	5,000	201	0,005

Da für kleine Abstände y die zu Beginn aufgeführten Annahmen (Mittellinie des freien Schenkels sei eine Gerade) nicht mehr zutreffen, wird man den Stempel spätestens nach x = 2 · l in die zylindrische Form auslaufen lassen können (Abb. 13).

Nun soll für den zweiten Grenzfall - Spalt u >> Blechdicke s und Vorlochdurchmesser d_o << Ringdurchmesser d_R - (Abb. 10) die Stempelform mit der kürzesten Mantellinie berechnet werden. Die Biegelinie des freien Schenkels soll dabei, wie oben angegeben, während des ganzen Vorganges ein Kreisbogen konstanter Länge sein.

Die Gleichung der Mantellinie muß demnach folgenden Bedingungen genügen:

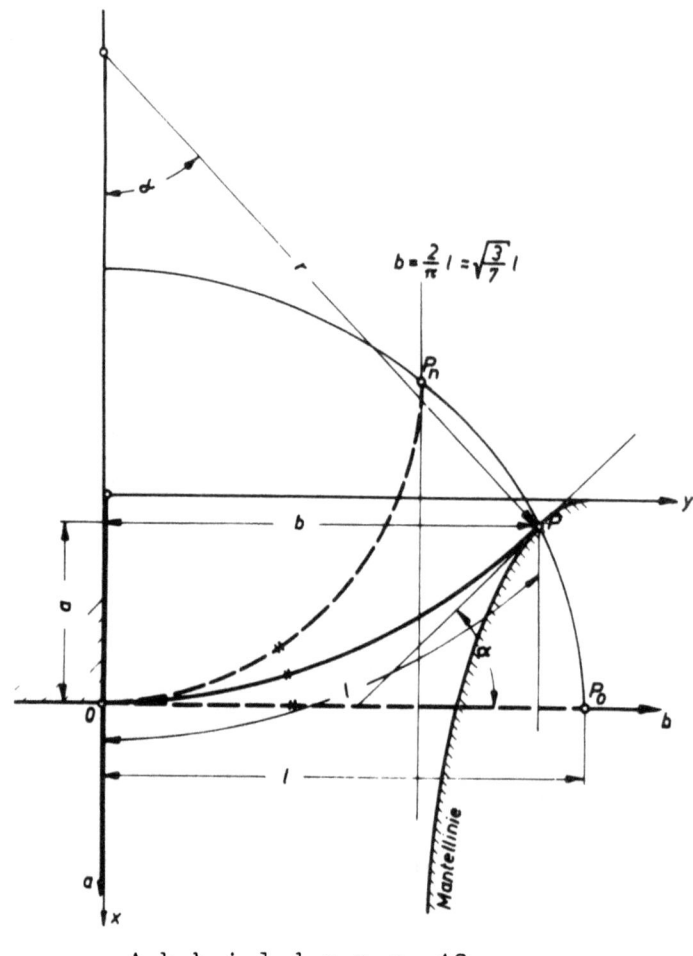

Abbildung 12
Berechnung der Mantellinie für weiten Spalt

1. Die Biegelinie ist für jede Stellung des Stempels ein Kreisbogen konstanter Länge l mit waagerechter Tangente in O und Krümmungsmittelpunkt senkrecht über O

    Größter Halbmesser $\quad r_o = \infty$

    kleinster   " $\quad r_n = \frac{2}{\pi} \cdot l$

2. Werkstück und Stempel berühren einander in P, mit anderen Worten: die Tangente an den freien Schenkeln in P ist gleichzeitig Tangente der Mantellinie im Berührungspunkt.

3. Der Punkt O bewegt sich relativ zur Mantellinie auf einer Geraden parallel zur Mittellinie des Stempels (a - Achse).

Für jede mögliche Lage von P muß die Biegelinie der Gleichung für alle Kreise mit $r = 2\,l/\pi$, deren Mittelpunkt auf der a - Achse liegt und die die b - Achse in O berühren, genügen (Abb. 12).

Aus der 1. Bedingung folgt als Gleichung aller dieser Kreise:

$$r^2 = b^2 + (r-a)$$

$$r = \frac{b^2 + a^2}{2a} \qquad \text{Gleichung aller Kreise} \qquad (106)$$

Nach der 2. Bedingung ergibt sich die Gleichung der Tangenten an die Biegelinie zu:

$$tg\alpha = \frac{b}{r-a} \qquad \text{aus Kreisgleichung (106)} \quad r = \frac{b^2+a^2}{2a} \text{ eingesetzt}$$

$$tg\alpha = \frac{b}{\frac{b^2+a^2}{2a} - a}$$

$$tg\alpha = \frac{2ab}{b^2 - a^2} = \frac{da}{db} \qquad \text{Tangentengleichung} \qquad (107)$$

Zur Ableitung der Gleichung aller Punkte P ist in Hütte I/27 folgende Näherungsgleichung für die Bogenlänge l angegeben:

$$2l \approx \sqrt{(2b)^2 + \frac{16}{3}a^2}$$

$$a = \frac{\sqrt{3}}{2}\sqrt{l^2 - b^2} \qquad \text{Gleichung aller Punkte P als Ellipsengleichung angenähert dargestellt} \qquad (108)$$

Steigung in P durch Einsetzen der Gleichung (108) in Gleichung (107).

$$tg\alpha = \frac{da}{db} = \frac{2b \cdot \frac{\sqrt{3}}{2} \cdot \sqrt{l^2 - b^2}}{b^2 - \frac{3}{4}(l^2 - b^2)}$$

$$tg\alpha = \frac{4 \cdot \sqrt{3} \cdot \sqrt{\left(\frac{l}{b}\right)^2 - 1}}{7 - 3\left(\frac{l}{b}\right)^2} \qquad \text{Steigung der Tangenten an die Biegelinie in P} \qquad (109)$$

Bestimmung des Fehlers durch die Näherungsgleichung für die Bogenlänge:

für $\alpha = 0°$ ist a = 1 und $tg\alpha = 0$
   nach (109) : $tg\alpha = 0$
Fehler: 0 %

für $\alpha = 30° = \frac{\pi}{6}$ muß $tg\alpha = 0,577$ sein
   nach (109) : $tg\alpha = 0,574$
Fehler: 0,5 %

für $\alpha = 45° = \frac{\pi}{4}$ muß $tg\alpha = 1$ sein
   nach (109) : $tg\alpha = 1,01$
Fehler: 1,0 %

für $\alpha = 60° = \frac{\pi}{3}$ muß $tg\alpha = 1,732$ sein
   nach (109) : $tg\alpha = 1,83$
Fehler: 4 %

Die Gleichung der Mantellinie wird nach der 2. Bedingung berechnet.
Lautet die Gleichung der Biegelinie des Werkstückes a = f (b)
und die Gleichung der Mantellinie des Stempels x = g (y)
so wird:

$$y = b$$
$$tg\alpha = \frac{da}{db} = \frac{dx}{dy} = \frac{dx}{db} \quad . \tag{110}$$

Die Steigung beider Kurven im Berührungspunkt muß gleich sein.

$$x = \int^b tg\alpha \cdot db = \int^y tg\alpha \cdot dy \quad .$$

Als Gleichung der Mantellinie des Biegestempels führt (109) auf den Ausdruck

$$x = 4 \cdot \sqrt{3} \int^y \frac{\sqrt{\left(\frac{l}{y}\right)^2 - 1}}{7 - 3\left(\frac{l}{y}\right)^2} \cdot dy$$

$$\sqrt{\tfrac{3}{7}} \cdot l \leq y \leq l \tag{111}$$

Dieses elliptische Integral dürfte sich kaum geschlossen auswerten lassen. Daher wird die Integralfunktion

$$(x/l) = f \; (y/l)$$

durch numerische Integration aufgestellt. Diese Lösung genügt vollauf, da man aus dieser Funktion die Mantellinie für beliebige Längen l durch einfache Maßstabänderung entnehmen kann. Die Bestimmung der Integralfunktion erfolgt tabellarisch mit Hilfe der SIMPSONschen Regel, beginnend bei $y/l = 1$, da für $y/l = \sqrt{3/7}\ x/l$ nach ∞ geht [11, 12]. Die Rechnung wird in zwei Abschnitten durchgeführt: Von $y/l = 1,00$ bis $0,76$ mit einem Stufensprung $h = 0,02$ in Tabelle 2 und von $x/l = 0,76$ bis $0,66$ mit $h = 0,01$ in Tabelle 3. In den Spalten Δ^1 bis Δ^4 sind jeweils die Differenzen der vorhergehenden Spalte angeschrieben. Die Summen der Spalten dienen zur Kontrolle der errechneten Werte.

Aus Abbildung 13 geht die Form der Mantellinie hervor. Dabei stellt es sich heraus, daß für die beiden berechneten Fälle, nämlich Spalt $u \approx 1$ mit gerader Biegelinie und $u \gg 1$ mit kreisförmiger Biegelinie die Mantellinien innerhalb der Rechengenauigkeit die gleiche Form aufweisen.

Die kürzeste Mantellinie für einsinniges Umformen bei engem Spalt mit großem Vorlochdurchmesser und bei weitem Spalt mit kleinem Vorloch im Verhältnis zum Durchmesser des Biegeringes ist die Schleppkurve. Sie kann aus der Funktion

$$x/l = t - \mathrm{tgh}\ t \qquad (104)$$
$$y/l = 1/\cosh t \qquad (105)$$

zwischen $x_o = 0$, $y_o = \dfrac{d_s - d_o}{2}$

und $x_n \approx 1,5 \cdot \dfrac{d_s - d_o}{2}$; $y_n \approx 0$

durch punktweises Aufzeichnen gefunden werden.

Im allgemeinen wird beim Biegen mit weitem Spalt die Biegelinie des Werkstückes von der Kreisform abweichen und je nach Werkstoff und Abmessungen aus einem annähernd geraden und einem gebogenen Abschnitt bestehen. Dadurch wird die Bordhöhe größer als die vorher berechnete, und der Stempel muß schlanker ausgeführt werden, indem man die Werte für x bzw. x/l mit einem Faktor - je nach den Verhältnissen etwa 1,25 - multipliziert.

Tabelle 2

Tabellarische Integration $\left(\frac{y}{l}\right) = 0{,}76$

Stufensprung $h = 0{,}02$ $\quad \frac{x}{l} = \int_{\left(\frac{y}{l}\right)=1}^{\left(\frac{y}{l}\right)=0{,}76} tg\alpha \cdot d\left(\frac{y}{l}\right) \quad$ mit $tg\alpha = 4\cdot\sqrt{3}\,\dfrac{\sqrt{\left(\frac{l}{y}\right)^2 - 1}}{7 - 3\left(\frac{l}{y}\right)^2}$

	$\frac{y}{l}$	$tg\alpha$	Δ^1	Δ^2	Δ^3	Δ^4	$\frac{\Delta^2}{6}$	$\left(tg\alpha + \frac{\Delta^2}{6}\right)$	$2h\cdot(\ )$	$\frac{x}{l}$
0	1,00	0	0,357							0
1	0,98	0,357	0,186	−0,171	+0,137		−0,030	0,327	0,0131	0,0040
2	0,96	0,543	0,152	−0,034	+0,042	−0,095	−0,006	0,537	0,0215	0,0131
3	0,94	0,695	0,160	+0,008	−0,004	−0,046	+0,001	0,696	0,0278	0,0255
4	0,92	0,855	0,164	+0,004	+0,006	+0,010	+0,001	0,856	0,0342	0,0409
5	0,90	1,019	0,174	+0,010	+0,023	+0,017	+0,002	1,021	0,0408	0,0597
6	0,88	1,193	0,207	+0,033	−0,005	−0,028	+0,005	1,198	0,0479	0,0817
7	0,86	1,400	0,235	+0,028	+0,012	+0,017	+0,005	1,405	0,0562	0,1076
8	0,84	1,635	0,275	+0,040	+0,025	+0,013	+0,007	1,642	0,0657	0,1379
9	0,82	1,910	0,340	+0,065	+0,033	+0,008	+0,011	1,921	0,0768	0,1733
10	0,80	2,250	0,438	+0,098	+0,061	+0,028	+0,016	2,266	0,0906	0,2147
11	0,78	2,688	0,597	+0,159		−0,076	+0,026	2,714	0,1086	0,2639
12	0,76	3,285	3,285	+0,240	+0,330					0,3233

Tabelle 3

Tabellarische Integration $\left(\frac{y}{l}\right)=0{,}66$

Stufensprung $h = 0{,}01$ $\left(\frac{x}{l}\right)\Big|_{(\frac{y}{l})=0{,}76}^{(\frac{y}{l})=0{,}66} = \int_{(\frac{y}{l})=0{,}76}^{(\frac{y}{l})=0{,}66} tg\alpha \cdot d\left(\frac{y}{l}\right)$ mit $tg\alpha = 4\cdot\sqrt{3}\cdot\dfrac{\sqrt{\left(\frac{l}{y}\right)^2-1}}{7-3\left(\frac{l}{y}\right)^2}$

	$\frac{y}{l}$	$tg\alpha$	Δ^1	Δ^2	Δ^3	Δ^4	$\frac{\Delta^2}{6}$	$(tg\alpha+\frac{\Delta^2}{6})$	$2h\cdot(\ )$	$\frac{x}{l}$
0	0,76	3,29	+ 0,37							0,3233
1	0,75	3,66	+ 0,46	+ 0,09	+ 0,07		0,02	3,68	0,0736	0,3581
2	0,74	4,12	+ 0,62	+ 0,16	− 0,02	− 0,09	0,03	4,15	0,0830	0,3969
3	0,73	4,74	+ 0,76	+ 0,14	+ 0,18	+ 0,20	0,02	4,76	0,0952	0,4411
4	0,72	5,50	+ 1,08	+ 0,32	+ 0,12	− 0,06	0,05	5,55	0,1110	0,4921
5	0,71	6,58	+ 1,52	+ 0,44	+ 0,32	+ 0,20	0,07	6,65	0,1330	0,5521
6	0,70	8,10	+ 2,28	+ 0,76	+ 1,11	+ 0,79	0,13	8,23	0,1643	0,6251
7	0,69	10,38	+ 4,15	+ 1,87	+ 3,95	+ 2,84	0,31	10,69	0,2138	0,7164
8	0,68	14,73	+ 9,97	+ 5,82	+ 28,01	+ 24,06	0,97	15,70	0,3140	0,8389
9	0,67	24,70	+43,80	+33,83	+33,74		5,64	30,34	0,6068	1,0304
10	0,66	68,50	+65,21	+43,43		+27,94				1,4457

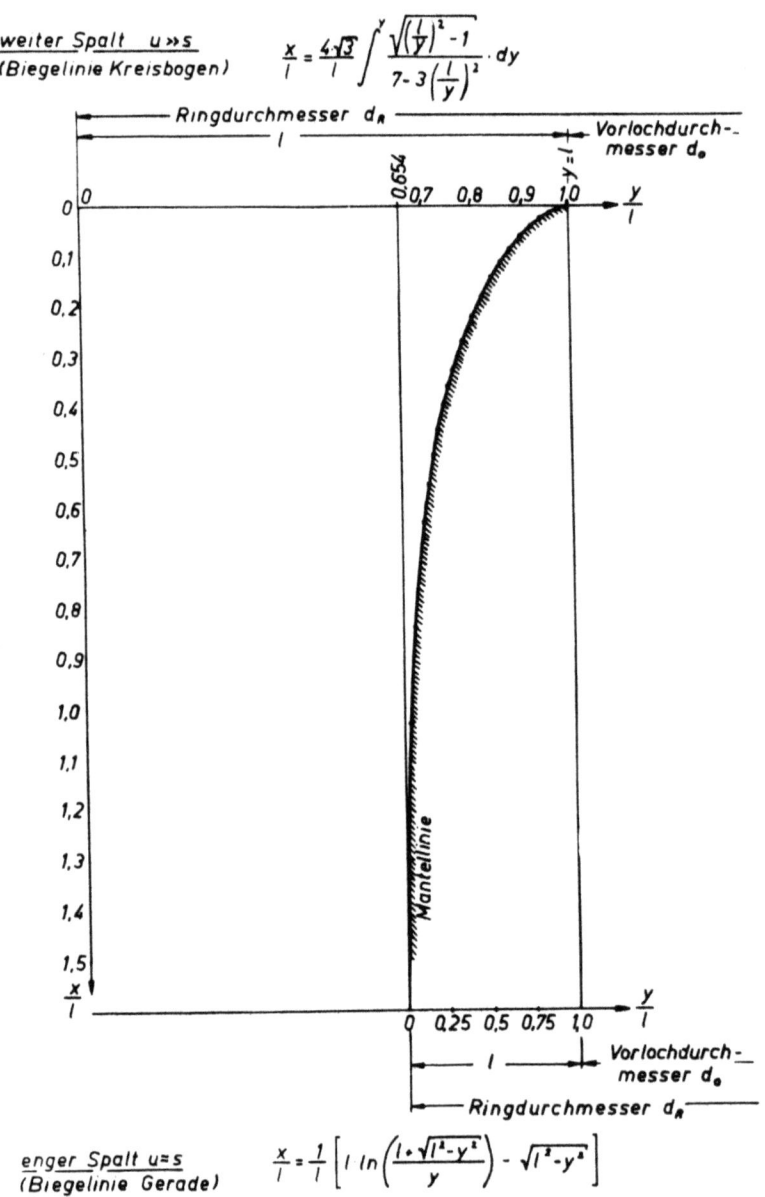

Abbildung 13
Berechnete Mantellinie für engen und weiten Spalt

1.2 Umformvorgang und Kraftverlauf

1.21 Versuchs- und Meßwerkzeuge

Zur Bestimmung des Umformvorganges und des Kraftverlaufes beim Biegen von Innenborden sowie zum Messen der erreichbaren Aufweitverhältnisse und der dabei auftretenden Stempelkräfte wurde eine Versuchseinrichtung erstellt, deren Gesamtaufbau aus Abbildung 14 hervorgeht. Sie besteht im wesentlichen aus dem aus leicht auswechselbaren Bauelementen aufgebauten Biegewerkzeug, einer zweifach wirkenden hydraulischen Tiefziehpresse mit 60 + 20 t größter Preßkraft und den Meß- und Anzeigegeräten für Stempelkraft und Pressenhub. Die Abmessungen der Werkzeuge und die Auslegung der Meßgeräte ergaben sich aus dem Versuchsprogramm, das vorsah, Umformvorgang, Stempelkraft P_s und Aufweitverhältnis d_1/d_0 in Abhängigkeit von

        Werkstoff,
        Blechdicke s_0,
        Stempeldurchmesser d_s,
        Vorlochdurchmesser d_0 sowie
        Stempel- und Biegekantenform

zu bestimmen, und zwar im Bereich Blechdicke s_0 = 0,8 bis 6 mm und Stempeldurchmesser : Blechdicke $d_s : s_0$ = 10 : 1 bis 50 : 1.

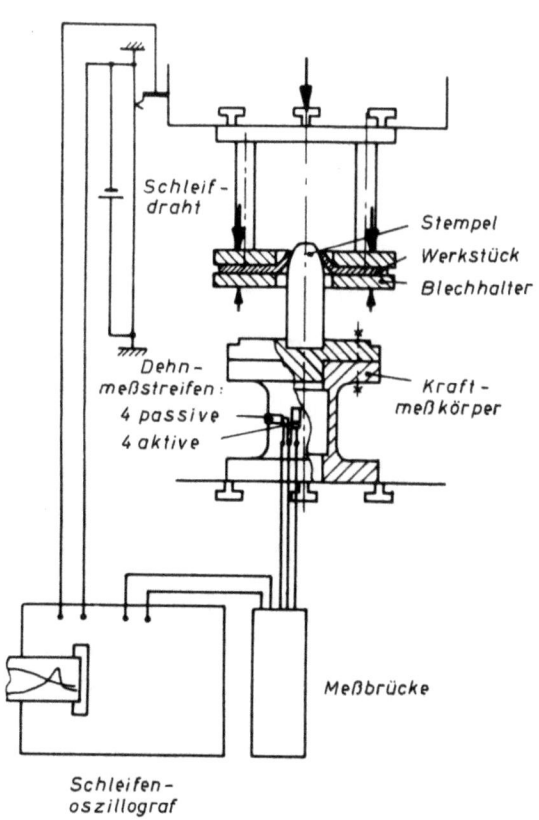

Abbildung 14
Versuchseinrichtung

Seite 35

Um den vorgegebenen Bereich zweckmäßig und sinnvoll aufzuteilen, wurden die Verhältnisse

$(d_s : s_o)$ nach R 10/2 zu 12,5:1 - 20:1 - 31,5:1 und 50:1

und die Blechdicken

s_o nach R 10/2 zu 0,8-1, 25-2, 0-3,15 (3,2) und 5,0 mm

gestuft. Man erfaßt dann mit 5 Stempeldurchmessern nach R 5 mit d_s = 25 - 40 - 63 - 100 - 160 mm praktisch den gesamten Bereich.

		Blechdicke s_o				
		0,8	1,25	2,0	3,15	5,0
$d_s : s_o$ = 8	d_s =				25	40
12,5		-	-	25	40	63
20		-	25	40	63	100
32		25	40	63	100	160
50		40	63	100	160	-
80		63	100	160		
125		100	160			
200		160				

Unter- und oberhalb des in der Übersicht gestrichelt angegebenen Bereiches liegende Werte können ohne zusätzlichen Werkzeugaufwand mit erfaßt werden. Die Durchmesser der Biegeringe ergaben sich aus dem Stempeldurchmesser d_s und dem Spalt u. Entsprechend den zu untersuchenden Blechdicken wurde eine größere Anzahl Ringe benötigt.

Das Werkzeug ist auf Abbildung 15 mit einem Stempel von 63 mm Durchmesser mit Schleppkurvenform wiedergegeben. Um die reinen Umformkräfte ohne die Blechhalterkräfte messen zu können, wurde das Werkzeug so aufgebaut, daß die Ronde zwischen Stößel und Blechhaltersäulen eingespannt und über den feststehenden Stempel bewegt wird. Unmittelbar auf dem Tisch der Presse ist die Kraftmeßvorrichtung angebracht, die aus einem mit Dehnmeßstreifen beklebten Rohrkörper mit zwei Halteflanschen besteht (1). Mit dem oberen Flansch ist ein Zwischenstück (2) zur Aufnahme der Stempel von 25 bis 160 mm Durchmesser verschraubt. Diese sind geteilt ausgeführt, damit für die verschiedenen Stempelformen nur das Kopfstück (5) ausgewechselt zu werden braucht. Um den Stempel herum faßt der Ring des Blechhalters (4), der über vier Säulen (3) von der Traverse

A b b i l d u n g 15
Versuchswerkzeug für kreisförmige Innenborde

des Niederhalters gegen den Biegering (6) gedrückt wird. Die Biegeringe unter 75 mm Innendurchmesser werden über einen Zwischenring (7) aufgenommen. Ebenso bekommt der Blechhalter für kleinere Rondendurchmesser einen Einsatzring.

Der Pressenhub wird über einen Schleifdraht gemessen und die Stempelkraft als Widerstandsänderung der Dehnmeßstreifen auf dem Meßkörper in der üblichen Brückenschaltung bestimmt. Als Registriergerät dient ein Schleifenoszillograph.

1.22 Meßergebnisse

Versuche mit verschieden geformten Stempeln bestätigen die Überlegungen und Rechenergebnisse des Abschnittes 1.1. Es wurden fünf Stempelformen ausgewählt, für die Umformvorgang und Kraftverlauf mit der im vorigen Abschnitt 1.21 beschriebenen Versuchseinrichtung bestimmt wurden (Abb. 16). Die Mantellinie des Stempels 1 entspricht der unter 1.13

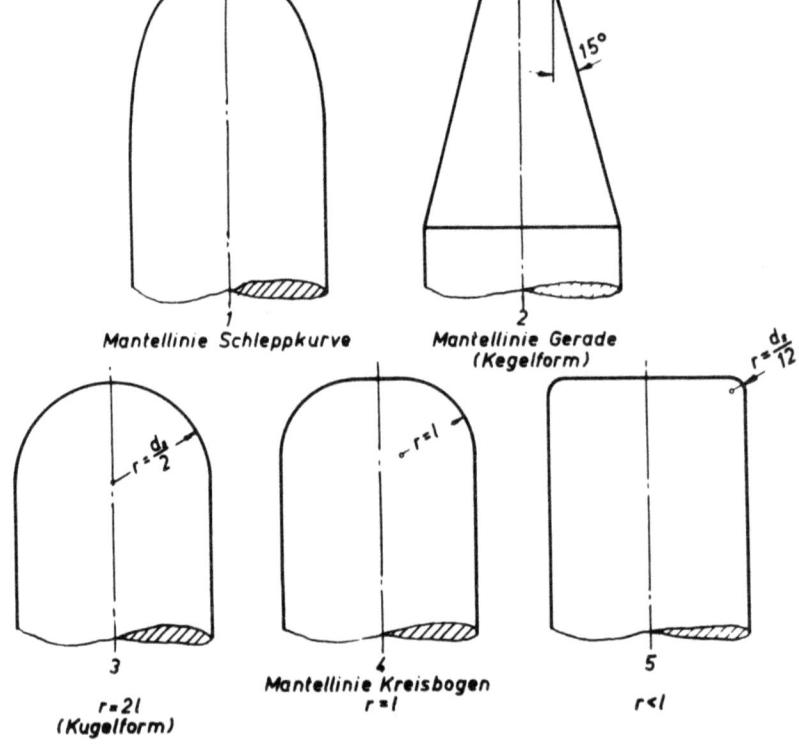

A b b i l d u n g 16
Für die Versuche ausgewählte Stempelformen

berechneten Schleppkurve. Sie ist gemäß den der Rechnung vorangesetzten Bedingungen dem Vorlochdurchmesser d_o angepaßt und stellt die Form dar, für die bei kürzestem Stempelhub während des ganzen Umformvorganges Krafteinleitung am Rand des Vorloches zu erwarten ist. Unter diesen Bedingungen arbeitet ein bestimmter Stempel nur für einen einzigen Vorlochdurchmesser d_o. Soll der Stempel zum Biegen verschieden hoher Borde mit unterschiedlichem Vorloch eingesetzt werden, so muß man seine Form dem kleinsten Vorlochdurchmesser anpassen und für die anderen Durchmesser einen entsprechend größeren Hub in Kauf nehmen. Die Kegelform 2 läßt sich einmal leicht herstellen und wäre zum anderen als Universalwerkzeug sehr vielseitig verwendbar, da es sich beliebig aus mehreren Kegelstümpfen zusammensetzen läßt. Zusammen mit den nötigen zylindrischen Schäften könnte man jeden beliebigen Durchmesserbereich bestreichen. Der Kegelwinkel 60° wurde gewählt, um eine möglichst schlanke Form mit nicht zu großem Hub zu erhalten. Stempel mit kreisförmig abgerundeter Kante 3, 4, 5 kommen vor allem für Blockwerkzeuge nach Abbildung 17 in Frage, die in einem Arbeitsgang lochen und biegen und zum Schneiden eine flache Stirnseite aufweisen müssen. Umformvorgang und Kraftverlauf sind bei scharfkantiger Biegung (enger Spalt) nahezu

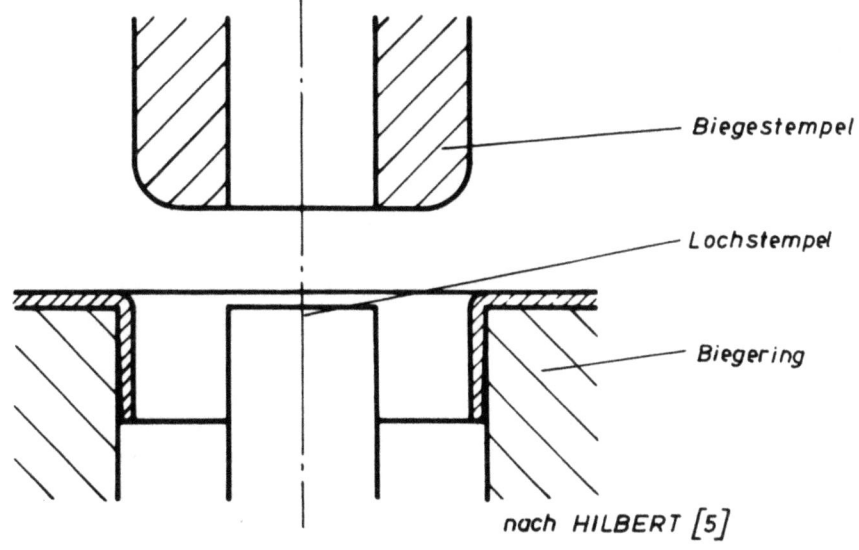

Abbildung 17
Verbundwerkzeug zum Lochen und Biegen

unabhängig von Blechdicke und Stempeldurchmesser und auch zwischen den untersuchten Werkstoffen - Tiefziehstahlblech sowie hartes und weiches Aluminiumblech - traten keine nennenswerten Unterschiede auf. Als Beispiel seien hier die Meßergebnisse für ein Tiefziehstahlblech St VIII.23 von s_o = 2 mm Dicke angeführt.

Die Versuchsdaten waren:

Vorlochdurchmesser $\quad d_o$ = 32 mm
Stempeldurchmesser $\quad d_s$ = 63 mm
Ringdurchmesser $\quad d_R$ = 67 mm
Aufweitverhältnis $\quad d : d_o$ = 2,0 mm
Spaltweite $\quad u$ = 2 mm = Blechdicke s_o.

Die Aufnahmen der Werkstücke stellen den Zustand nach der elastischen Rückfederung des Werkstoffes dar. Die größten Stempelkräfte verhalten sich wie folgt:

1 : Form 1 Mantellinie Schleppkurve 1
2 : "   3   "   Kreisbogen r = 2 l   1,7
3 : "   2   "   Kegel   2,0
4 : "   4   "   Kreisbogen r = l   2,5
5 : "   5   "   Kreisbogen r = $\frac{1}{3}$ l   2,7

Das Kraft-Weg-Schaubild in Abbildung 18 zeigt für den schleppkurvenförmigen Stempel eine annähernd gleichbleibende Stempelkraft und paßt

Seite 39

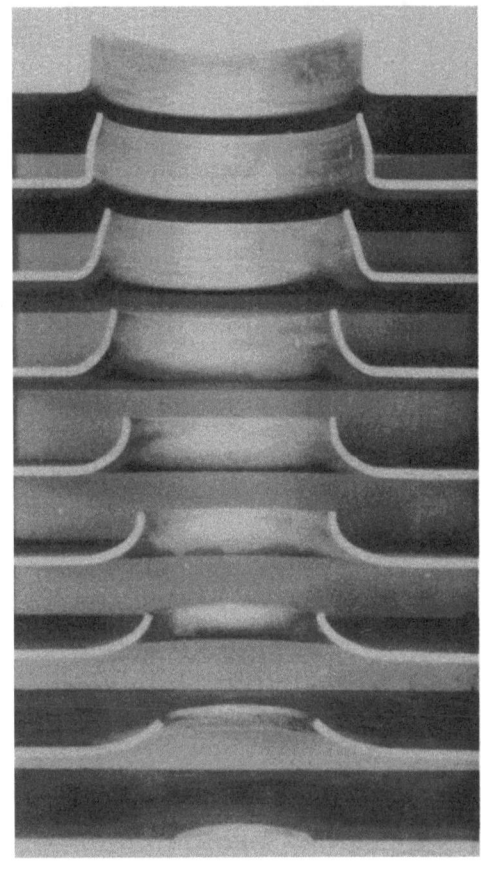

Abbildung 19
Kraft-Weg-Schaubild Stempelform 2 (Kegel)
Werkstoff St VIII.23-s_o=2 mm-d_1/d_o=2,0-u=s_o-d_1=63 mm

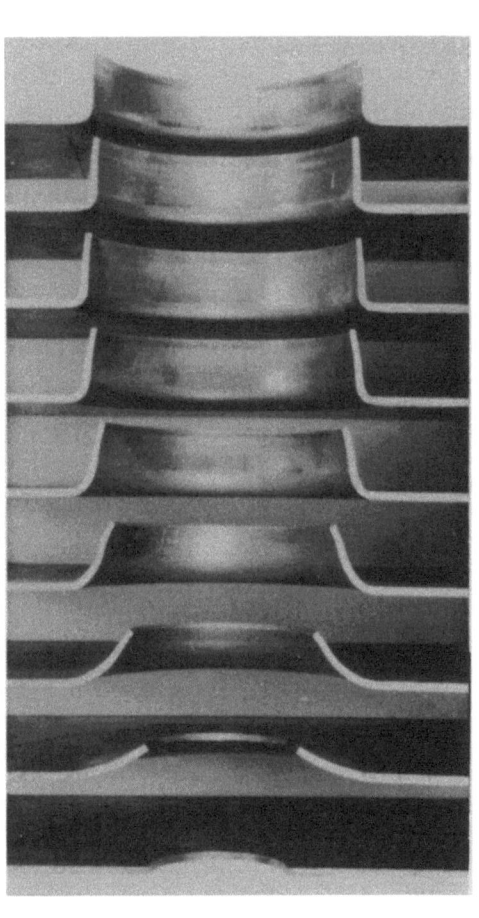

Abbildung 18
Kraft-Weg-Schaubild Stempelform 1 (Schleppkurve)
Werkstoff St VIII.23-s_o=2 mm-d_1/d_o=2,0-u=s_o-d_1=63 mm

sich gut dem Kraft-Weg-Schaubild einer hydraulischen Presse an. Die Stempelkraft ist hier am niedrigsten unter den untersuchten Formen, weist aber besonders am Ende der Umformung einen hohen Anteil der Reibkräfte auf. Weil der Stempel ständig am Lochrand angreift, weicht der entstehende Bord kaum von der zylindrischen Form ab und liegt mit seiner gesamten Fläche fest am Stempel an.

Der kegelförmige Stempel in Abbildung 19 greift zunächst genau wie die Schleppkurve am Rand des Vorloches an, bis der Werkstoff parallel zur Kegelfläche am Stempel anliegt. Wird der Stempel dann weiter durchgedrückt, steigt die Stempelkraft schnell auf das Dreifache der bei der Schleppkurvenform gemessenen an und fällt steil wieder ab. Dieser Kraftverlauf und auch der der kreisförmig abgerundeten Formen ließe sich u.U. dem Kraft-Weg-Schaubild einer Kurbelpresse günstig anpassen.

Beim Eindringen der Kante am Übergang zum Schaft federt der Werkstoff, soweit der Spalt ein Ausweichen erlaubt, am Lochrand vor der Stempelkante zurück. Noch deutlicher wird diese Erscheinung bei den Kreisformen in Abbildung 20 bis 22. Man erkennt besonders bei der flachen Form 5 (Abb. 22), wie stark der Werkstoff am Lochrand zurückfedert und von der zylindrischen Form abweicht. Mit geringerer Kantenrundung wird die Stempelkraft größer (bei kleinerem Hub). Sie beträgt für die Form 5 mit $r = 1/3\ l$ rund das 2,7fache der bei Form 1 gemessenen Kraft bei etwa einem Drittel des Stempelweges.

Wird mit weitem Spalt $u \gg s_o$ gebogen, ist der Einfluß der Stempelform nur gering. Wegen der großen Rundung, die sich frei einstellt, greift der Stempel bei allen Formen immer am Vorlochrand oder in seiner unmittelbaren Nähe an. So lassen sich mit kegeligem Werkzeug Borde mit zylindrischem Rand biegen (Abb. 23). Wegen der kleineren Berührfläche zwischen Stempel und Werkstück sind die Reib- und Umformkräfte etwas kleiner (siehe auch Abschnitt 3).

Die Länge des freien Schenkels l bleibt bei engem und weitem Spalt u wie unter 1.1 abgeleitet immer erhalten. Für engen Spalt und scharfe Biegekante am Ring ergibt sich die Höhe des aufgebogenen Bordes aus der Länge $l = 1/2\ (d_R - d_o)$. Der Einfluß des Rundungshalbmessers des Bleches an der scharfen Kante bleibt bei weiten Borden vernachlässigbar klein. Weicht die gebogene Form infolge einer Rundung der Ringkante oder beim Biegen mit weitem Spalt von der zylindrischen Form ab, muß das bei der Berechnung der Bordhöhe berücksichtigt werden. Ebenso ist es möglich, beim Biegen aus gewölbten Flächen, wie Kesselwänden oder

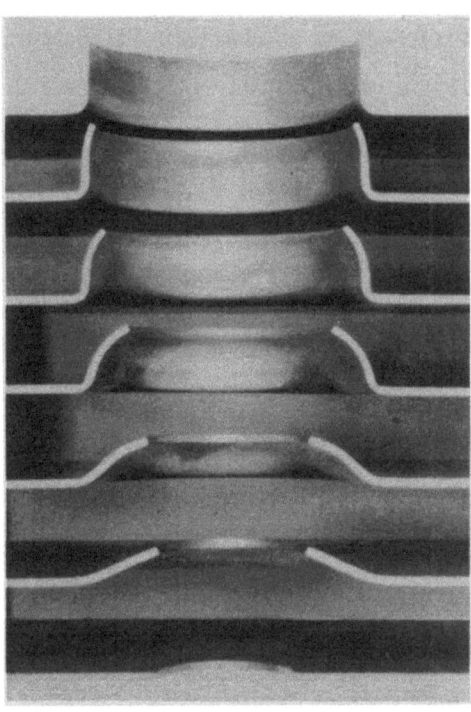

Abbildung 21

Kraft-Weg-Schaubild Stempelform 4 (Kreisbogen r = ∞)
Werkstoff St VIII.23-s_o=2mm-d_1/d_o=2,0-u=s_o-d_1=63 mm

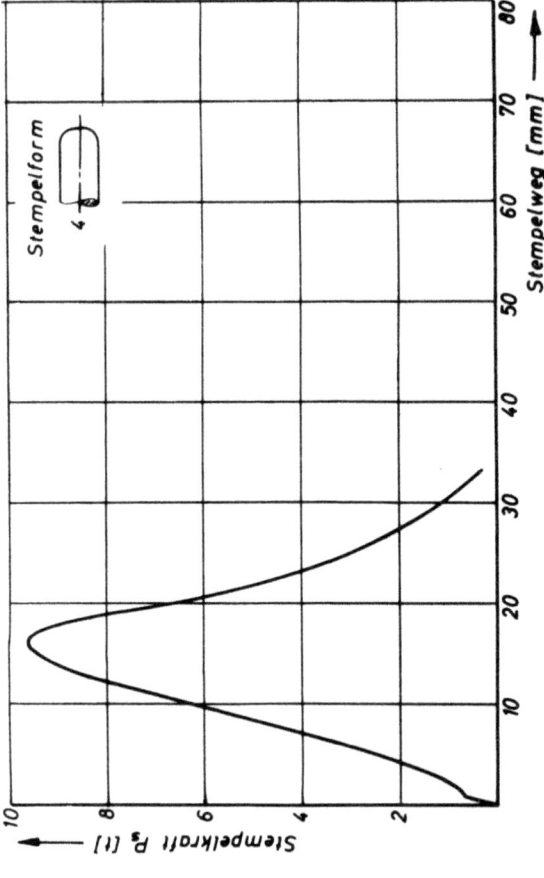

Abbildung 20

Kraft-Weg-Schaubild Stempelform 3 (Kreisbogen r = 2 l)
Werkstoff St VIII.23-s_o=2 mm-d_1/s_o=2,0-u=s_o-d_1=63 mm

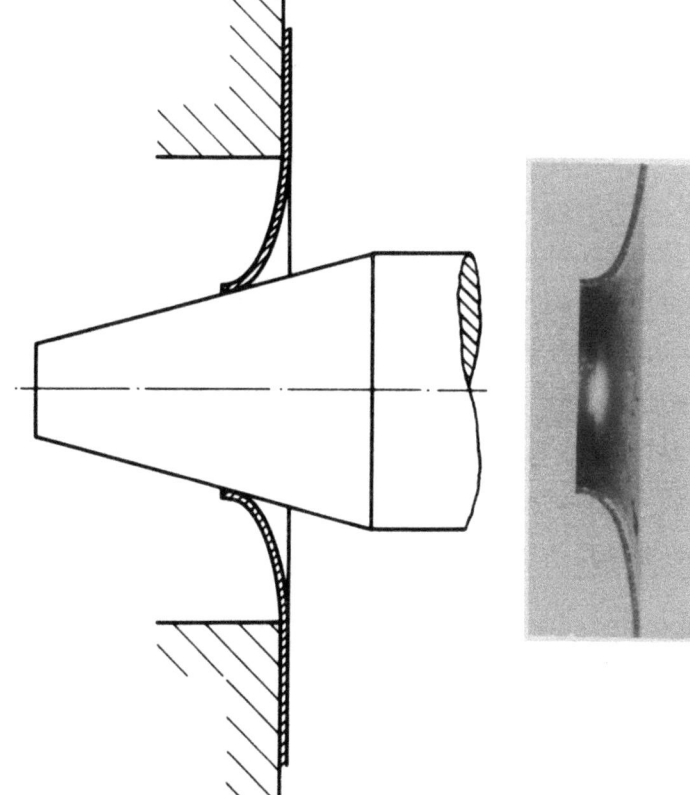

Abbildung 23
Bord bei weitem Spalt mit kegelförmigem Stempel gebogen

Abbildung 22
Kraft-Weg-Schaubild Stempelform 5 (Kreisbogen r≈1/3≈5 mm)
Werkstoff St VIII.23-s_o=2 mm-d_1/d_o=2,0-u=s_o-d_1=63 mm

Rohren, für die gleichbleibende Länge l die Abmessungen des Vorloches so zu bestimmen, daß nach der Umformung ein Bord entsteht, der eine ebene Anschlußfläche aufweist.

Die Meßergebnisse lassen klar erkennen, welche günstigen Eigenschaften den Stempel mit schleppkurvenförmiger Mantellinie auszeichnen, nämlich geringe Stempelkraft und ständige Krafteinleitung am Rand des Vorloches, die einen glatten, zylindrischen Innenbord zur Folge hat. Diese Vorteile dürften in den meisten Fällen die höheren Fertigungskosten für den Stempel, dessen Mantellinie sich nicht wie die Kegel- oder Kreisformen geometrisch erzeugen läßt, rechtfertigen.

2. Erreichbares Aufweitverhältnis

2.1 Spannungszustand im aufgeweiteten Ringquerschnitt

Die Berechnung des Spannungszustandes im ganzen aufgebogenen Bord ist in geschlossener Form nicht möglich, da der Umformvorgang nicht stationär ist. Beschränkt man sich auf den Abschnitt der Krafteinleitung durch den Stempel unmittelbar am Lochrand und vernachlässigt dabei, daß der Ringquerschnitt ursprünglich aus dem ebenen Blech gebogen wurde, so ist es möglich, mit den Mitteln der Plastizitätstheorie Größe und Verteilung der Spannungen im Ringquerschnitt am Rand des Bordes zu bestimmen [13, 14, 15]. Trotz dieser Vereinfachungen erscheint diese Rechnung sinnvoll, da für die Zone am Lochrand die Beanspruchungsverhältnisse weitgehend mit den Rechenannahmen übereinstimmen und von hier aus die Rißbildung beim Erliegen des Werkstoffes einsetzt.

Die Versuchsergebnisse (Abschnitt 1.22), nach denen in Richtung der mittleren Hauptspannung parallel zur Mittelachse keine Umformung stattfindet,

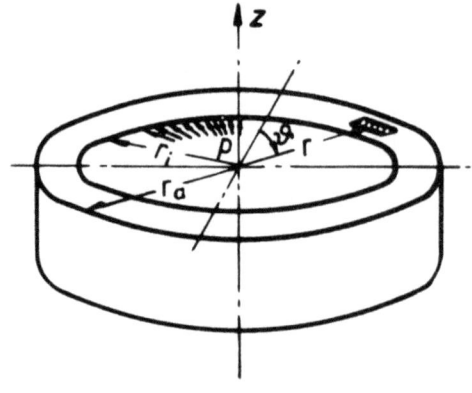

Abbildung 24
Untersuchter Ringabschnitt

rechtfertigen die Annahme eines ebenen Formänderungszustandes für den zu untersuchenden schmalen zylindrischen Ringabschnitt (Abb. 24).

Von den Zylinderkoordinaten z, ϑ und r fällt z mit der Ringachse zusammen. Der Innenhalbmesser des Ringes wird mit r_i, der Außenhalbmesser mit r_a bezeichnet. Der Innendruck p = p (t), der vom Stempel auf den Ring ausgeübt wird, muß den sich ausweitenden Ring immer im vollplastischen Zustand erhalten.

Für ebenen Formänderungszustand ist zu jeder Zeit an jeder Stelle des Ringes die axiale Dehnung

$$\varepsilon_z = 0$$

Ferner sind alle Spannungen und Verzerrungen von ϑ und z unabhängig.

Unter diesen Voraussetzungen kann man zunächst die Bedingungen für das Kräftegleichgewicht an einem Volumenelement mit dem Abstand r von der Ringachse bestimmen (Abb. 25). Soll Gleichgewicht in Richtung r herrschen, so gilt:

$$\sigma_r \cdot r \cdot d\vartheta \cdot dz + \sigma_\vartheta \cdot dr \cdot d\vartheta \cdot dz = \left(\sigma_r + \frac{\partial \sigma_r}{\partial r} \cdot dz\right)\left(r + dr\right) \cdot d\vartheta \cdot dz$$

$$= \left(\sigma_r \cdot r + \sigma_r \cdot dz + \frac{\partial \sigma_r}{\partial r} \cdot r \cdot dr + \frac{\partial \sigma_r}{\partial r} \cdot dr^2\right) \cdot d\vartheta \cdot dz$$

$$\sigma_\vartheta \cdot dr \cdot d\vartheta \cdot dz = \left(\sigma_r + \frac{\partial \sigma_r}{\partial r} \cdot r\right) \cdot dr \cdot d\vartheta \cdot dz$$

$$\sigma_\vartheta - \sigma_r = \frac{\partial \sigma_r}{\partial r} \cdot r$$

$$\frac{\sigma_\vartheta - \sigma_r}{r} - \frac{\partial \sigma_r}{\partial r} = 0$$

$$\frac{\partial \sigma_r}{\partial r} - \frac{\sigma_r - \sigma_\vartheta}{r} = 0 \quad \text{Gleichgewichtsbedingung} \quad (201)$$

$\sigma_z = \sigma_z$ (r, t) muß nicht = 0 sein, obwohl es in die Gleichgewichtsbedingungen nicht mit eingeht!

Eine ähnliche Überlegung für die Dehnung eines Volumenelementes ergibt die Hauptwerte des Verzerrungstensors. Führt man die radiale Komponente

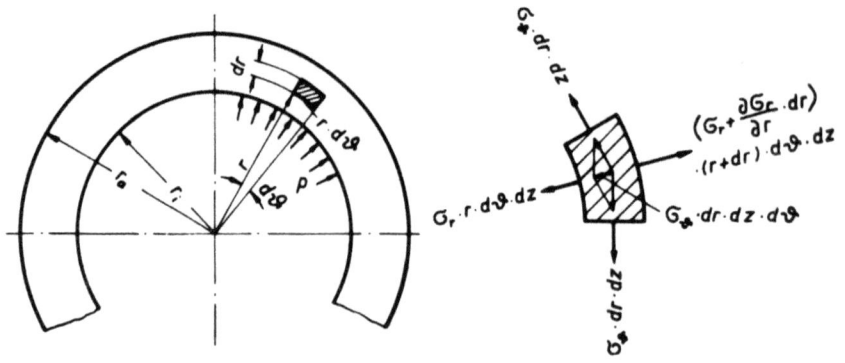

Abbildung 25
Kräftegleichgewicht am Volumenelement

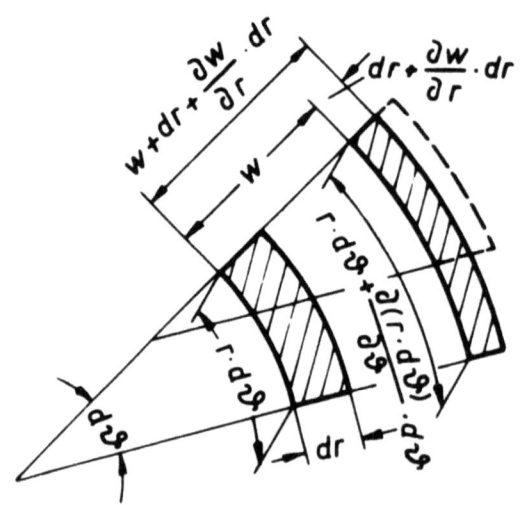

Abbildung 26
Dehnung eines Volumenelementes

der Verschiebung $w = w(r,t)$ ein, so kann man nach Abbildung 26 die Dehnung ε_r und ε_ϑ durch w und r ausdrücken.

$$dr(1 + d\varepsilon_r) = dr\left(1 + \frac{\partial w}{\partial r}\right)$$

$$d\varepsilon_r = \frac{\partial w}{\partial r}$$

$$\frac{r \cdot d\vartheta + \frac{\partial(r \cdot d\vartheta)}{\partial \vartheta} \cdot d\vartheta}{r \cdot d\vartheta} = \frac{w+r}{r} \qquad (202)$$

$$1 + \frac{\frac{\partial(r \cdot d\vartheta)}{\partial \vartheta} \cdot d\vartheta}{r \cdot d\vartheta} = \frac{w}{r} + 1 = d\varepsilon_\vartheta + 1$$

$$d\varepsilon_\vartheta = \frac{w}{r} \quad . \qquad (203)$$

Wegen der Volumenkonstanz bei inkompressiblen Medien muß die Invariante

$$J_1 = d\varepsilon_r + d\varepsilon_\vartheta + d\varepsilon_z = 0 \qquad \text{sein.}$$

Als 2. Bestimmungsgleichung erhält man dann:

$$d\varepsilon_r + d\varepsilon_\vartheta + d\varepsilon_z = \frac{\partial w}{\partial r} + \frac{w}{r} + 0 = 0$$

$$\frac{\partial w}{\partial r} + \frac{w}{r} = 0$$

$$\frac{\partial w}{w} = -\frac{\partial r}{r} \qquad (204)$$

Durch Integration wird daraus

$$\ln w = \ln \frac{C}{r}$$

$$w(r,t) = \frac{C}{r} \qquad (205)$$

Damit lassen sich dann die Hauptwerte des Verzerrungstensors angeben.

$$d\varepsilon_r = \frac{\partial w}{\partial r} = -\frac{C}{r^2} \qquad (206)$$

$$d\varepsilon_\vartheta = \frac{w}{r} = \frac{C}{r^2}$$

$$d\varepsilon_z = 0 \ . \qquad (207)$$

Bei dem betrachteten Umformvorgang mit uneingeschränktem plastischen Fließen wachsen der innere und der äußere Halbmesser r_i und r_a von ihren Anfangswerten r_{io} und r_{ao} mit der Zeit an. Desgleichen wird sich der Druck p im Innern des Rohres, der nötig ist, das sich ausweitende Rohr im vollplastischen Zustand zu erhalten, mit der Zeit ändern. Der Anfangswert p_o muß so groß sein, daß überall in dem Ring mit den Abmessungen r_{io} und r_{ao} die Fließgrenze erreicht wird. In einem beliebigen Augenblick des Fließvorganges bewegt sich also jedes Werkstoffteilchen radial nach außen. Seine radiale Wandergeschwindigkeit wird eine Funktion des entsprechenden Halbmessers r und der Zeit t sein. Dem Umformvorgang entsprechend liegt es nahe, an Stelle der Zeit t den Innenhalbmesser r_i, der mit der Zeit monoton anwächst, als Parameter einzuführen. Es sei also $v_r = v_r(r, r_i)$ die Radialgeschwindigkeit eines Elementes, das in dem Augenblick, wo der Innenhalbmesser des Ringes gleich r_i ist, den Abstand r von der Rohrachse hat.

$$v_r = \frac{dr}{dr_i} \ . \qquad (208)$$

Wie in Gleichung (204) kommt man unter den gleichen Voraussetzungen zu
dem Ergebnis, daß wegen der Inkompressibilität des Werkstoffes

$$\frac{\partial v_r}{\partial r} + \frac{v_r}{r} = 0 \quad . \qquad \text{sein muß.}$$

Die Integration liefert:

$$v_r\,(r_i,r) = \frac{C}{r} \qquad \text{mit} \quad C = f(r_i) \quad .$$

Die Randbedingung $v_r = 1$ für $r = r_i$ führt auf $C = r_i$.

Somit wird

$$v_r = \frac{r_i}{r}\,[-] \quad . \tag{209}$$

Durch Gleichsetzen von (208) und (209) erhält man

$$v_r = \frac{dr}{dr_i} = \frac{r_i}{r} \quad .$$

Die Integration der Gleichung liefert:

$$\int r_i \cdot dr_i = \int r \cdot dr$$

$$\frac{r_i^2}{2} + C_1 = \frac{r^2}{2} + C_2$$

$$r_i^2 = r^2 + C_3 \quad \text{für } r_i = r_{io} \quad \text{muß } r = r_o \text{ sein}$$

$$C_3 = r_i^2 - r^2 = r_{io}^2 - r_o^2$$

$$r^2 = r_i^2 - r_{io}^2 + r_o^2$$

$$r = \sqrt{r_o^2 + r_i^2 - r_{io}^2} \quad . \tag{210}$$

r ist der Abstand eines Elementes von der z - Achse in dem Augenblick,
in dem der Innenhalbmesser von r_{io} auf r_i angewachsen ist.

Die Formänderungsgeschwindigkeiten betragen für den "Augenblick" r_i
entsprechend Gleichung (206):

$$\dot{\varepsilon}_r = \frac{\partial v_r}{\partial r} \qquad \text{mit} \quad v_r = \frac{r_i}{r} \qquad \text{nach (209)}$$

$$\dot{\varepsilon}_r = \frac{\partial v_r}{\partial r} = -\frac{r_i}{r^2} \quad . \tag{211}$$

Das gleiche Ergebnis folgt aus der Beziehung zwischen Wander- und Formänderungsgeschwindigkeit [15]

$$\frac{\partial v_x}{\partial x} = \frac{\partial^2 w}{\partial t \partial x} = \dot{\varepsilon}_x \; .$$

Ebenfalls läßt sich aus Gleichung (207) ableiten:

$$\dot{\varepsilon}_\varphi = \frac{v_r}{r} = \frac{r_i}{r^2} \qquad (212)$$

(das gleiche folgt auch aus der Kontinuitätsgleichung

$$\dot{\varepsilon}_x + \dot{\varepsilon}_y + \dot{\varepsilon}_z = 0 \qquad \text{mit} \quad \dot{\varepsilon}_z = 0 \qquad \text{wegen} \quad \varepsilon_z = 0)$$

Die Spannungs-Verzerrungsbeziehungen von MISES besagen:

$$\frac{\dot{\varepsilon}_r}{\sigma'_r} = \frac{\dot{\varepsilon}_\varphi}{\sigma'_\varphi}$$

Daraus folgt:

$$\sigma'_r = -\sigma'_\varphi \quad (\sigma'_z = 0) \qquad (213)$$

Da die Komponenten des Spannungsdeviators den Fließbedingungen genügen müssen, folgt aus der Fließbedingung von MISES

$$\begin{aligned} \sigma'^2_1 + \sigma'^2_2 + \sigma'^2_3 &= 2 k^2 \\ 2\sigma'^2_r &= 2 k^2 \end{aligned} \qquad (214)$$

$$\sigma'_r = -k$$
$$\sigma'_\varphi = +k \; . \qquad (215)$$

Bezeichnet man mit σ_m die mittlere Hauptnormalspannung, so betragen die Normalspannungen:

$$\sigma_r = \sigma_m - k \qquad (216)$$
$$\sigma_\varphi = \sigma_m + k \qquad (217)$$
$$\sigma_z = \sigma_m \; . \qquad (218)$$

Diese Werte in die Gleichgewichtsbedingung (201) eingesetzt, liefern die Gleichungen für die Hauptnormalspannungen:

$$\frac{\partial \sigma_r}{\partial r} + \frac{\sigma_r - \sigma_\varphi}{r} = 0 \qquad (201)$$

$$\frac{\partial \sigma_m}{\partial r} + \frac{1}{r}(\sigma_m - k - \sigma_m - k) = 0 \qquad \text{aus (216) und (217)}$$

$$\frac{\partial \sigma_m}{\partial r} = \frac{2k}{r}$$

$$\int \partial \sigma_m = 2k \int \frac{\partial r}{r}$$

$$\sigma_m = 2k \cdot \ln r + C$$

Die Randbedingung $\sigma_r = 0$ für $r = r_a$

$$\sigma_r = \sigma_m - k = 2k \cdot \ln r + C - k \qquad \text{und}$$

$$r = r_a = \sqrt{r_{ao}^2 + r_i^2 - r_{io}^2} \qquad \text{nach} \qquad (210)$$

führt auf
$$0 = 2k \cdot \ln \sqrt{r_{ao}^2 + r_i^2 - r_{io}^2} + C - k$$

$$C = -k\left[\ln\left(r_{ao}^2 + r_i^2 - r_{io}^2\right) - 1\right]$$

Somit wird für $r = \sqrt{r_o^2 + r_i^2 - r_{io}^2}$ nach (210)

$$\sigma_m = k\left[\ln\left(r_o^2 + r_i^2 - r_{io}^2\right) - \ln\left(r_{ao}^2 + r_i^2 - r_{io}^2\right) + 1\right] \qquad (219)$$

Dieser Wert für σ_m in die Gleichungen (216) bis (218) eingesetzt, liefert die Bestimmungsgleichung für die Spannungen an einem Element, das ursprünglich den Abstand r_o von der Mittelachse hatte, wenn der Innenhalbmesser von r_{io} auf r_i angewachsen ist.

Spannungen im aufgeweiteten Ring:

in radialer Richtung: $\quad \sigma_r = k \cdot \ln \dfrac{r_o^2 + r_i^2 - r_{io}^2}{r_{ao}^2 + r_i^2 - r_{io}^2} \qquad (220)$

in Umfangsrichtung: $\quad \sigma_\varphi = k\left(\ln \dfrac{r_o^2 + r_i^2 - r_{io}^2}{r_{ao}^2 + r_i^2 - r_{io}^2} + 2\right) \qquad (221)$

in Achsrichtung $\quad \sigma_z = k\left(\ln \dfrac{r_o^2 + r_i^2 - r_{io}^2}{r_{ao}^2 + r_i^2 - r_{io}^2} + 1\right) . \qquad (222)$

Am äußeren Rand des aufgeweiteten Ringes für $r_o = r_{ao}$ ist immer

die Radialspannung $\quad \sigma_r = 0$

und die Tangentialspannung $\quad \sigma_\varphi = 2k$.

Die Spannung in Umfangsrichtung an einer beliebigen Stelle beträgt nach Gleichung (221)

$$\sigma_\varphi = 2k - |\sigma_r| \qquad (223)$$

(σ_r ist immer negativ, da in radialer Richtung Druck herrscht).

Die Radialspannung ist für $r_o = r_{io}$ an der Innenkante am größten und beträgt hier

$$\sigma_{ri} = -p \quad . \qquad (224)$$

Der Innendruck p für den Augenblick, wo der Innenhalbmesser von r_{io} auf r_i angewachsen ist, ergibt sich aus der Bedingung $p = -\sigma_r$ für $r = r_i$ bzw. $r_o = r_{io}$.

$$p = -\sigma_{ri} = k \cdot \ln \frac{r_{ao}^2 + r_i^2 - r_{io}^2}{r_{io}^2 + r_i^2 - r_{io}^2}$$

$$p = k \cdot \ln \left(1 + \frac{r_{ao}^2 - r_{io}^2}{r_i^2}\right) \quad . \qquad (225)$$

Für einen ideal-plastischen Werkstoff mit k = const nimmt der Innendruck p demnach mit zunehmendem Aufweitdurchmesser ab.

Der Anfangswert p_o, der nötig ist, um den gesamten Querschnitt in den vollplastischen Zustand zu überführen, wird für $r_i = r_o$

$$p_o = k \cdot \ln \frac{r_{ao}^2}{r_{io}^2} = 2k \cdot \ln \frac{r_{ao}}{r_{io}} \quad . \qquad (226)$$

Unter Druckbeanspruchung erliegen die Werkstoffe durch Auftreten eines Gleitbruches; bei Zugbeanspruchung muß neben dem Versagen durch Gleitbruch auch mit einem Erliegen durch einen Trennbruch gerechnet werden [16]. Letzterer tritt ein, sobald die größte auftretende Zug-Normalspannung einen bestimmten Grenzwert - die Trennfestigkeit - überschreitet. Erreicht die Schubspannung einen Wert, der die Schubfestigkeit des Werkstoffes unter dem entsprechenden Spannungszustand überschreitet, tritt Gleitbruch auf. Ein Werkstoff verhält sich spröde, wenn in dem betreffenden Spannungszustand die Grenzlinie für die Schubfestigkeit unter der Schubfließgrenze verläuft (Abb. 27). Liegt die Fließgrenze unter der Schubfestigkeit, verhält sich der Werkstoff schmeidig (zähe) (Abb. 28).

In gleicher Weise, wie die Schubfestigkeit mit wachsendem Querdruck ansteigt, sinkt sie ab, wenn ein Querzug auftritt.

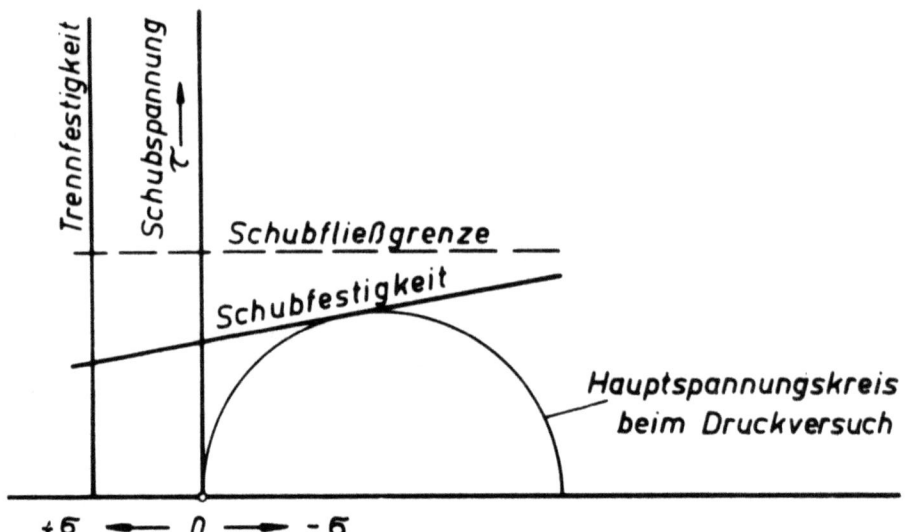

Abbildung 27

Bruchverhalten eines spröden Werkstoffes

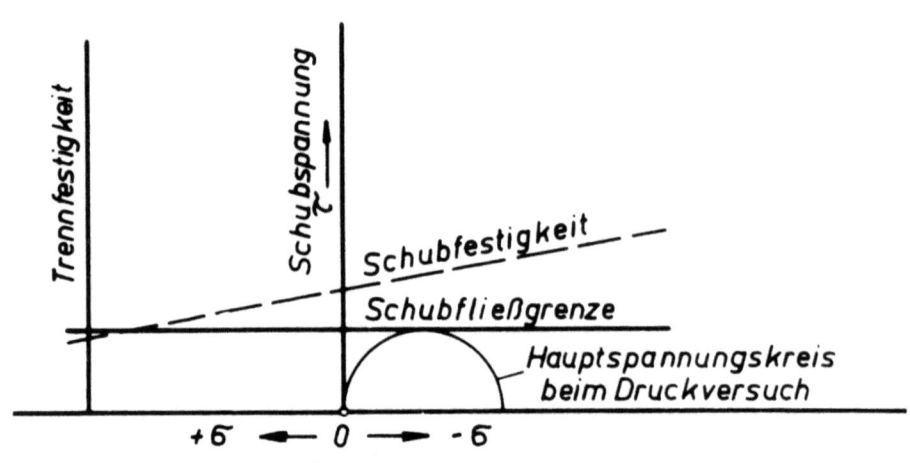

Abbildung 28

Bruchverhalten eines schmeidigen (zähen) Werkstoffes
(nach SIEBEL) [16]

Je nach Spannungszustand und Werkstoffeigenschaften erliegt der Werkstoff also bei der Umfangsspannung σ_θ, bei der die Schubfestigkeit die Schubfließgrenze erreicht (Abb. 29) oder wenn die Umfangsspannung die Trennfestigkeit überschreitet (Abb. 30). In beiden Fällen gibt die

Umfangsspannung σ_φ ein Maß für das Aufweitverhältnis bei Eintritt des Bruches. Nach (214) und (212) ist

$$\sigma_\varphi = 2k + \sigma_r \quad \text{und}$$

$$\sigma_r = k \cdot \ln \frac{r_{ao}^2 + r_i^2 - r_{io}^2}{r_o^2 + r_i^2 - r_{io}^2} \quad (r_{ao} \geqq r_o).$$

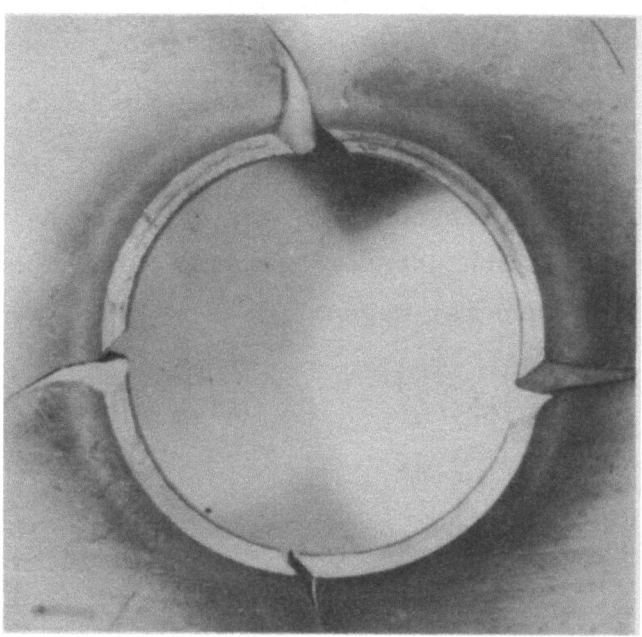

A b b i l d u n g 29
Werkstoff erlegen bei Erreichen der Schubfestigkeit
(Al 99,5 h - s_o = 4 mm - schlanker Stempel)

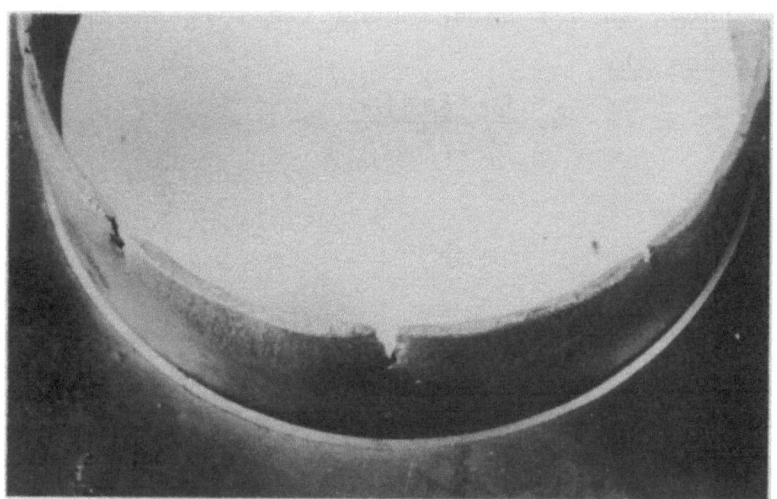

A b b i l d u n g 30
Werkstoff erlegen bei Erreichen der Trennfestigkeit
(St VIII.23 - s_o = 2 mm - flacher Stempel)

Aus der Gleichung für die Radialspannung geht hervor, daß verschiedene Ringe bei geometrischer Ähnlichkeit der Abmessungen und gleichem Werkstoff den gleichen Spannungszustand besitzen müssen.

$$\sigma_r = -k \cdot ln \frac{r_{ao}^2 + r_i^2 - r_{io}^2}{r_o^2 + r_i^2 - r_{io}^2}$$

$$= -k \cdot ln \frac{A \cdot r_{ao}^2 + A \cdot r_i^2 - A r_{io}^2}{A \cdot r_o^2 + A \cdot r_i^2 - A r_{io}^2} \quad .$$

Es ist also damit zu rechnen, daß geometrisch ähnliche Borde bei Erreichen des gleichen Aufweitverhältnisses $d_1/d_o = r_i/r_{io}$ zu Bruch gehen.

Für Innenborde großen Durchmessers und geringer Blechdicke ist die Radialspannung σ_r praktisch über die gesamte Blechdicke für jeden Wert von r_o gleich 0, denn dann ist wegen

$$\left(r_{ao}^2 - r_{io}^2\right) \ll r_i^2 \qquad \text{und}$$

$$\left(r_o^2 - r_{io}^2\right) \ll r_i^2$$

$$\sigma_r \approx -k \cdot ln \, 1 = 0 \quad \text{und damit}$$

$$\sigma_\varphi \approx 2k$$

Von einem gewissen Vorlochdurchmesser ab wird für ein Blech bestimmter Dicke das erreichbare Aufweitverhältnis unabhängig vom Durchmesser des gebogenen Bordes bleiben. Für kleinere Vorlochdurchmesser nimmt das Aufweitverhältnis zu, je kleiner das Vorloch und damit r_{io} gewählt wird. Bei gleicher Blechdicke und konstantem Aufweitverhältnis hängt die größte Radialspannung an der Bord-Innenseite folgendermaßen vom Durchmesser des Vorloches ab:

$$\sigma_r = -k \cdot ln \frac{r_{ao}^2 + r_i^2 - r_{io}^2}{r_o^2 + r_i^2 - r_{io}^2} \qquad \begin{aligned} r_o &= r_{io} \\ r_{ao} &= r_{io} + s_o \\ r_i &= \left(d_1/d_o\right) \cdot r_{io} \\ s_o &= const \\ d_1/d_o &= const \end{aligned}$$

$$\sigma_r = -k \cdot ln \frac{(r_{io} + s_o)^2 + (d_1/d_o)^2 \, r_{io}^2 - r_{io}^2}{(d_1/d_o)^2 \cdot r_{io}^2}$$

$$= -k \cdot ln \left[1 + \frac{2 s_o r_{io} + s_o^2}{(d_1/d_o)^2 \cdot r_{io}^2}\right]$$

$$= -k \cdot ln \left[1 + (d_o/d_1)^2 \cdot \left(2 \frac{s_o}{r_{io}} + \frac{s_o^2}{r_{io}^2}\right)\right] \quad . \tag{227}$$

Der Ausdruck ln $[1 + x]$ kann für $-1 < x \leq +1$ in folgende Reihe entwickelt werden:

$$ln\,[1+x] = x - \frac{x^2}{2} + \frac{x^3}{3} - \ldots \quad \text{und}$$

$$ln\left[1 + \left(\frac{d_o}{d_1}\right)^2 \cdot \left(2\frac{s_o}{r_{io}} + \frac{s_o^2}{r_{io}^2}\right)\right] = 2\left(\frac{d_o}{d_1}\right)^2 \cdot \frac{s_o}{r_{io}} + \left[\left(\frac{d_o}{d_1}\right)^2 - 2\left(\frac{d_o}{d_1}\right)^4\right]\frac{s_o^2}{r_{io}^2} + \frac{8}{3}\left(\frac{d_o}{d_1}\right)^6 \cdot \frac{s_o^3}{r_{io}^3} + \ldots$$

Der Fehler bleibt kleiner als 2 %, wenn man die Reihe nach den quadratischen Gliedern abbricht.

Damit wird

$$\sigma_r = -k\left(\frac{C_1}{r_{io}} + \frac{C_2}{r_{io}^2}\right) \quad \text{mit} \quad C_1 = 2s_o\left(\frac{d_o}{d_1}\right)^2$$

$$\text{und} \quad C_2 = s_o^2\left[\left(\frac{d_o}{d_1}\right)^2 - 2\left(\frac{d_o}{d_1}\right)^4\right]$$

Die Umfangsspannung $\quad \sigma_\varphi = k\left[2 - \left(\frac{C_1}{r_{io}} + \frac{C_2}{r_{io}^2}\right)\right]$

(für s_o und d_1/d_o konstant) \qquad (228)

nimmt ab je kleiner r_{io} ist, und entsprechend der Fließkurve des Blechwerkstoffes steigt das Grenzaufweitverhältnis bei Verringerung des Vorlochdurchmessers.

2.2 Gemessene Aufweitverhältnisse

2.21 Einfluß von Stempelform und Spaltweite

Ein Einfluß der Spaltweite u auf das Grenz-Aufweitverhältnis ist nach der vorausgegangenen Rechnung nicht zu erwarten und war bei den Versuchen auch nicht festzustellen. Das gleiche gilt für den Einfluß der Stempelform, soweit sie einen Umformvorgang einleitet, bei dem das Blech nur einsinnig gebogen und nicht um die Stempelkante herumgezogen wird (Abb. 6 und 22). Lediglich bei flachen Stempeln mit geringerer Kantenrundung liegt das erreichte Aufweitverhältnis wesentlich niedriger als bei den schlanken Formen. Die Grenze bildet der Stempel mit einer Kantenrundung, die der freien Schenkellänge entspricht (Form 4 in Abb. 16). In Abbildung 31 sind die gemessenen Werte für ein 2 mm dickes Tiefziehstahlblech bei 63 mm Stempeldurchmesser miteinander verglichen. (Die Stempelformen entsprechen den in Abschnitt 1.22 besprochenen.)

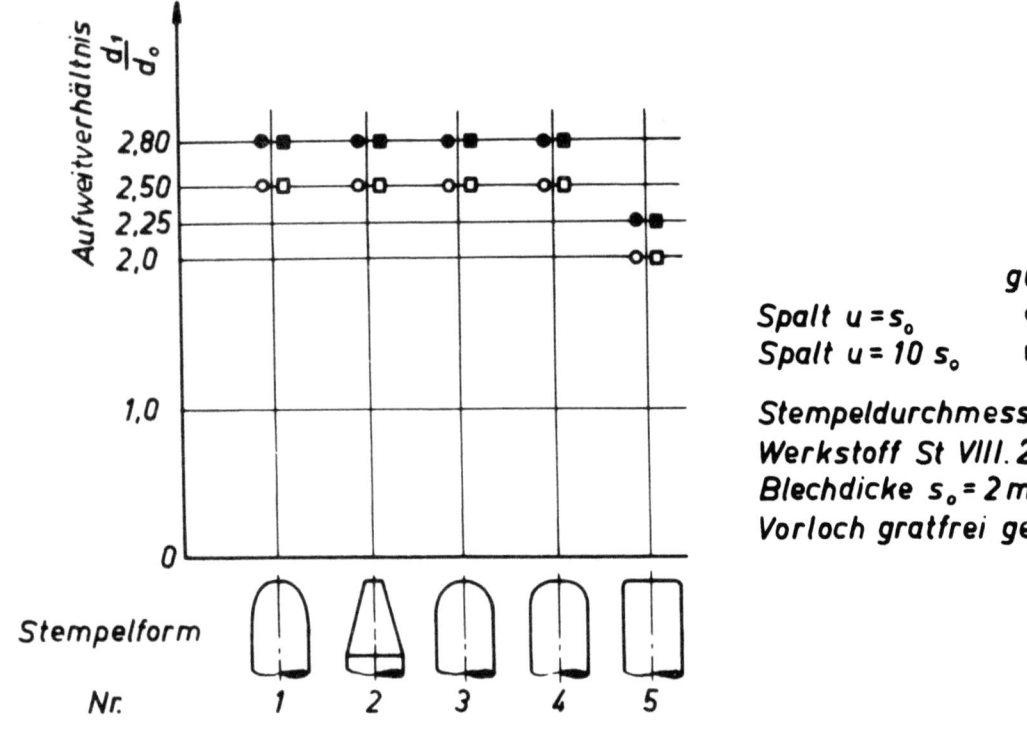

Abbildung 31
Einfluß von Stempelform und Spaltweite auf
das Aufweitverhältnis

2.22 Einfluß des Vorlochzustandes

Alle Versuchsergebnisse deuten auf einen überragenden Einfluß des Zustandes der Vorlochwandung auf das erreichbare Aufweitverhältnis. Nicht zuletzt ist auch die verhältnismäßig große Streuung der Meßergebnisse - neben Werkstoffabweichungen - auf verfahrensbedingte Unregelmäßigkeiten der Werkstückoberfläche zurückzuführen. Einmal ist es der kaltverfestigte Grat, der bereits kurz nach Beginn der Umformung Risse bildet, die infolge der dadurch hervorgerufenen Kerbspannungen auch zum vorzeitigen Erliegen des unverfestigten Werkstoffes führen können. Dazu kommt die durch den Schneidvorgang beim Lochen mit Stempeln bedingte Oberflächenrauheit des Vorloches, die nur ein geringeres Aufweitverhältnis zuläßt als die spanabhebend bearbeiteten Bohrungen, bei denen die Bearbeitungsriefen quer zur Umformrichtung verlaufen.

Aus diesem Grunde liegt das erreichbare Aufweitverhältnis bei geschnittenen Vorlöchern weit niedriger - bei etwa 50 % der Werte, die sich bei gebohrten Vorlöchern erreichen lassen - und weisen eine beträchtliche Streuung auf (Abb. 32 bis 34). Daß diese Abnahme bei hartem Aluminiumblech nicht so groß zu sein scheint, liegt an der Art der Darstellung,

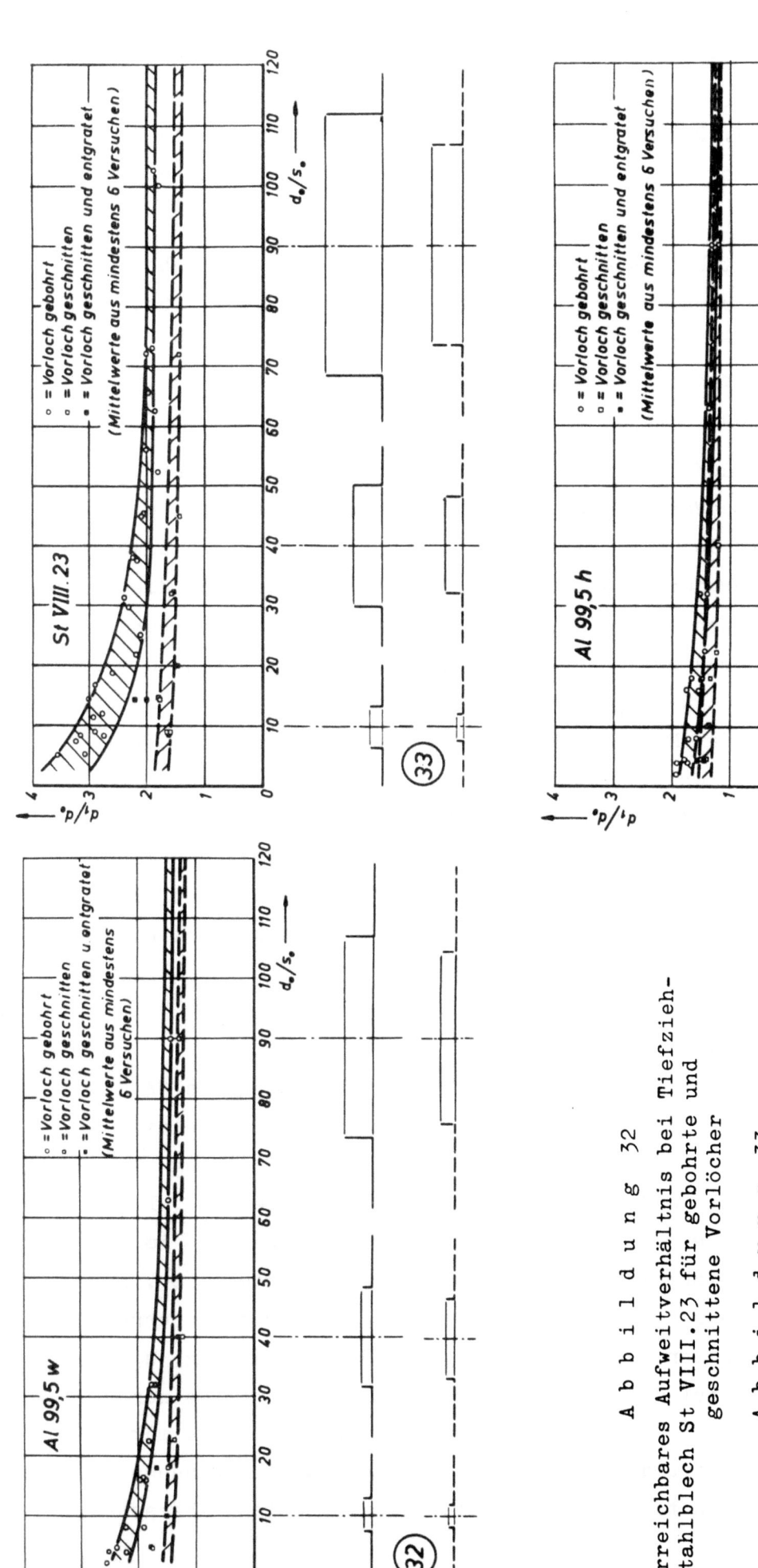

Abbildung 32
Erreichbares Aufweitverhältnis bei Tiefziehstahlblech St VIII.23 für gebohrte und
geschnittene Vorlöcher

Abbildung 33
Erreichbares Aufweitverhältnis bei weichem
Aluminiumblech Al 99,5 w für gebohrte
und geschnittene Vorlöcher

Abbildung 34
Erreichbares Aufweitverhältnis bei hartem
Aluminiumblech Al 99,5 h für gebohrte
und geschnittene Vorlöcher

denn die untere Grenze des Aufweitverhältnisses liegt bei $d_1/d_o = 1$ und nicht bei 0 ($d_1 = d_o$ bedeutet Vorlochdurchmesser = Aufweitdurchmesser, also kein Bord). Die Darstellung von $d_1/d_o = 0$ ab wurde in den Abbildungen 32 bis 34 gewählt, um ein einfaches Abgreifen der Grenzwerte zu ermöglichen.

Ein Entgraten der Schnittkanten kann sich günstig auf das erreichbare Aufweitverhältnis auswirken, wenn es sehr sorgfältig geschieht. Durch Rattermarken oder andere Verletzungen treten aber immer zahlreiche Ausreißer auf, die einen großen Teil der für das Entgraten aufgewendeten Arbeit vergeblich machen.

Aus der Praxis wird darauf hingewiesen, daß sich größere Bordhöhen erreichen lassen, wenn die Werkstücke mit dem Grat zur Stempelseite eingelegt werden. Dabei wird der Grat geringerer Dehnung als außen unterworfen; zum anderen wird er durch den Stempel abgequetscht, wodurch die Kerbwirkung des gerissenen Grates auf den übrigen Werkstoff unterbunden wird. Dieses Problem wurde mit untersucht und die Ergebnisse nach dieser Art waren durchweg etwas günstiger. Die Unterschiede sind aber so gering, daß wegen der Streuung der Meßwerte keine Vorteile in Erscheinung treten. Dies läßt den größeren Einfluß der Rauheit der Schnittflächen erkennen und ein Verbessern der Lochwandung durch Nachschneiden in einem Schabeschnitt oder Glätten durch einen Dorn scheint günstiger zu sein als einfaches Entgraten. Es empfiehlt sich aber immer, wo dies möglich ist, den Grat an der Stempelfläche anliegen zu lassen, da hierbei eine größere Sicherheit gegen Einreißen besteht.

2.23 Größtes Aufweitverhältnis

Die Meßwerte für das Aufweitverhältnis in den Abbildungen 32 bis 34 zeigen einen Verlauf, der nach den im vorigen Abschnitt 2.1 abgeleiteten Gleichungen (218) bis (220) für die Größe der Umfangsspannung und dem Bruchverhalten des gedehnten Werkstoffes zu erwarten war. Das größte Aufweitverhältnis wird erreicht, wenn die Blechdicke groß im Verhältnis zum Vorlochdurchmesser ist, d.h. für kleine Werte d_o/s_o. Für größere Vorlochdurchmesser d_o nimmt die vom Werkstoff ertragene Dehnung ab, bis bei einem bestimmten Verhältnis d_o/s_o die Radialspannung σ_r so gering wird, daß sie auf die Größe der Umfangsspannung σ_φ keinen Einfluß mehr hat und d_1/d_o in einen konstanten Wert ausläuft. Es mag in diesem Fall wirklichkeitsfremd erscheinen, durch Zerspanen gewonnene Bohrungen als Ausgangsform für ein Umformverfahren zu wählen. Abgesehen

davon, daß bei kleineren Stückzahlen - z.B. im Behälterbau - dieses
Verfahren durchaus wirtschaftlich sein kann, bietet es die Möglichkeit,
die Streuung der Meßergebnisse in Grenzen zu halten, die eine Klärung
der verschiedenen Einflußgrößen zulassen. Es stellt zusammen mit den
ohne Nachbehandlung geschnittenen Vorlöchern einen fertigungstechnisch
vertretbaren Grenzwert dar, dem man sich durch Wahl eines geeigneten
Fertigungsmittels beliebig zu nähern vermag.

Maßgebend ist in dieser Darstellung immer das Verhältnis Vorloch- zu
Enddurchmesser derjenigen Werkstoffpartien, die durch die größte Dehnung
beansprucht werden; in der Regel also die Zone an der Vorlochwandung,
auch wenn die Form des gebogenen Bordes von der hier im allgemeinen be-
handelten einfachen zylindrischen Form abweicht, wie die beiden unteren
Beispiele in Abbildung 2.

Der Verlauf der Meßpunkte legt es nahe, zu deren Eingrenzung eine Funktion der Form

$$\frac{d_1}{d_0} = \left(\frac{d_1}{d_0}\right)_k + C_1 \cdot e^{-C_2 \cdot \frac{d_0}{s_0}}$$

zu wählen.

Stellt man diese Funktion

$$\frac{d_1}{d_0} = \left(\frac{d_1}{d_0}\right)_k + \left[\frac{d_1}{d_0} - \left(\frac{d_1}{d_0}\right)_k\right]_0 \cdot e^{-C \cdot \frac{d_0}{s_0}}$$

als $\quad \ln\left[\frac{d_1}{d_0} - \left(\frac{d_1}{d_0}\right)_k\right] = \ln\left[\frac{d_1}{d_0} - \left(\frac{d_1}{d_0}\right)_k\right]_0 - C \cdot \frac{d_0}{s_0}$

auf einfach logarithmisch geteiltem Papier dar, verläuft sie als Gerade,
so daß es möglich ist, in dieser Form für die Meßergebnisse eine Ausgleichsrechnung durchzuführen. Deren Ergebnisse stellen umgerechnet die
das Streufeld begrenzenden Kurven dar. Innerhalb dieser Grenzen befin-
den sich mindestens 2/3 aller Meßwerte. Man darf daher mit Sicherheit
annehmen, daß etwa 90 % die untere Grenze erreichen.

Die große Streuung der Meßwerte für Stahlblech St VIII.23 hat ihren
Grund in den voneinander abweichenden Werkstoffeigenschaften der Bleche
von 0,8 bis 4 mm Dicke, die aus unterschiedlichen Chargen verschiedener
Lieferfirmen stammen, während die Aluminiumbleche einheitliches Verhalten aufweisen. Jeder der in Abbildung 32 bis 34 eingetragenen Punkte
stellt einen Mittelwert aus mindestens 6 Proben dar.

ELENZ [8] gibt für das Biegen auf der Drückbank mit einem Rollwerkzeug gleichfalls einen Abfall des Grenzaufweitverhältnisses für größere Werte d_o/s_o an, wenn bei ihm auch nicht das Auslaufen in einen Grenzwert erkennbar ist.

Auffallend ist auch bei diesem Umformverfahren das geringere Formänderungsvermögen von Al 99,5 w im Gegensatz zu dem des Tiefziehstahlbleches St VIII.23, obwohl beide Werkstoffe beim Zerreißversuch etwa die gleiche Bruchdehnung aufweisen. Diese Beobachtung deckt sich mit dem Verhalten beider Werkstoffe beim Tiefziehen. Während man mit St VIII.23 beim normalen Tiefziehen zwischen Stempel und Ziehring ein größtes Ziehverhältnis im Anschlag von $\beta = 2{,}15$ erreicht, läßt das Aluminiumblech Al 99,5 w nur ein Ziehverhältnis von $\beta = 1{,}95$ zu [17].

Will man sich für einen Werkstoff ein Bild von den erreichbaren Aufweitverhältnissen machen, empfiehlt es sich, je einen Stichversuch für $d_o/s_o > 30$ (im konstanten Bereich), für einen Wert im Bereich $d_o/s_o = 10$ und unter Umständen noch für einen Zwischenwert durchzuführen. Die unterschiedlichen Verhältnisse d_o/s_o können sowohl durch Variation der Stempeldurchmesser als auch der Blechdicke erreicht werden. Ein kegelförmiger Stempel, den man bis zum Anriß des Bordes aufweiten läßt, eignet sich dazu am besten. Stempelform und Biegespalt beeinflussen das Ergebnis nicht, abgesehen von flachen Stempeln mit sehr geringer Kantenrundung. Der Versuch, Zugfestigkeit, Bruchdehnung oder andere im einachsigen Zerreißversuch gewonnene Werkstoffkenngrößen als Maß für das erreichbare Aufweitverhältnis zu benutzen, schlägt fehl, wie man am Beispiel Al 99,5 w und St VIII.23 erkennt. Unsaubere Vorlochwandungen und Gratbildung beeinträchtigen das Aufweitverhältnis wesentlich. Lassen sich die gewünschten Abmessungen mit einfach geschnittenen Vorlöchern nicht erreichen, kann eine geeignete Nachbearbeitung das Aufweitverhältnis heraufsetzen.

3. Stempelkraft

So wichtig für den Konstrukteur die Kenntnis der zu erzielenden geometrischen Abmessungen ist, so sehr sind für den Fertigungsmann Angaben über die zu erwartenden Stempelkräfte bedeutsam. Es kann selbstverständlich nicht der Sinn dieser Arbeit sein, für alle üblichen Werkstoffe Zahlenergebnisse in Form von Kurven oder Tabellen anzugeben, zumal nur für wenige Blechwerkstoffe die Fließkurven und nur für weiches Aluminiumblech und ein Tiefziehstahlblech Biegefließkurven bekannt sind. Daher

soll hier in erster Linie versucht werden, die Zusammenhänge zwischen
den einzelnen Einflußgrößen sowie deren Einwirken auf die Größe der
notwendigen Umformkräfte am Beispiel der hier untersuchten Werkstoffe
zu deuten und die Voraussetzung zu schaffen, durch einige wenige Modell-
und Stichversuche die Kräfte zur Umformung beliebiger Werkstoffe zu
ermitteln.

3.1 Modellgesetze

Zunächst sollen die theoretischen Ergebnisse, die bei der Bestimmung
der Spannungsverteilung für einen aufgeweiteten Ring im Abschnitt 2.1
gefunden wurden, auf Aussagen über die Stempelkraft untersucht werden.
Die dort angegebenen Gleichungen beziehen sich auf Spannungen und Kräfte,
hervorgerufen durch das Aufweiten eines Ringquerschnittes, während für
den Anteil der Biegekräfte auf die bereits länger bekannten Ergebnisse
von WOLTER [1] zurückgegriffen werden kann. Unter Umständen mögliche
Abweichungen von den WOLTERschen Gleichungen durch Verringerung der
Blechdicke während des Biegens - hervorgerufen durch das Aufweiten -
können bei der hier erzielbaren Genauigkeit vernachlässigt werden, da
die Biegung auf den Bereich der geringsten Dickenabnahme beschränkt
bleibt (Abb. 18 bis 22). Zwar erlauben, wie unter 2.2 erwähnt, die oben
angeführten Gleichungen nicht, die Umform- bzw. Stempelkraft theoretisch zu bestimmen, doch eignen sie sich zur Ableitung von Modellgesetzen, mit deren Hilfe unter bestimmten Voraussetzungen Versuchsergebnisse auf andere Werkstückabmessungen übertragen werden können.

Der Einfluß der Reibung ist nicht zu übersehen, da die Reibkräfte zwischen Werkzeug und Werkstück bei derartigen Umformvorgängen nicht dem
COULOMBschen Gesetz folgen, wie z.B. aus den Kraft-Weg-Schaubildern
für die verschiedenen Stempelformen (Abb. 18 bis 22) hervorgeht. SIEBEL
und KOTTHAUS [18] machten bei der Untersuchung von Modellgesetzen für
das Tiefziehen die gleiche Beobachtung. Die Versuchsergebnisse (Abb. 35)
scheinen jedoch die Annahme eines konstanten Verhältnisses zwischen
Umformkraft und Reibkraft bei gleicher Werkzeugform zu bestätigen.

3.11 Kräfteverhältnis bei geometrischer Ähnlichkeit

Geometrische Ähnlichkeit miteinander vergleichbarer Umformvorgänge
setzt voraus, daß alle Werkstück- und Werkzeugabmessungen bis auf einen
konstanten Faktor übereinstimmen. Dabei bleiben die dimensionslosen
Verhältnisse d_1/d_0 sowie d_1/s_0 und damit $k = f(d_1/d_0)$ für alle Abmessungen bei gleichem Werkstoff konstant.

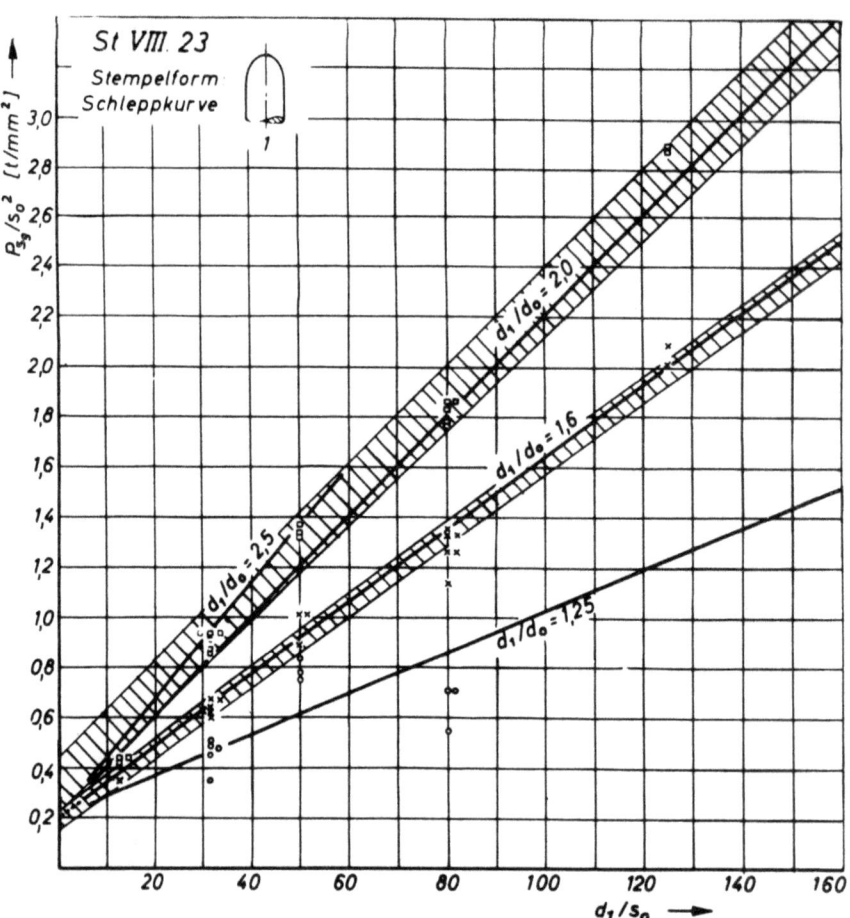

Abbildung 35
Größte Stempelkräfte beim Biegen mit engem Spalt

Entsprechend Gleichung (225) beträgt der notwendige Innendruck für das Aufweiten eines Ringabschnittes vom Durchmesser d_o auf d_1

$$p = k \cdot \ln\left[1 + \frac{(d_o + 2s_o)^2 - d_o^2}{d_1^2}\right] .$$

Für den ganzen Bord von der Länge $l = \dfrac{d_1 - d_2}{2}$ wird dann die radiale Aufweitkraft

$$P_A = k_m \cdot d_1 \cdot \pi \, \frac{d_1 - d_o}{2} \, \ln\left[1 + \frac{(d_o + 2s_o)^2 - d_o^2}{d_1^2}\right] . \tag{301}$$

Die Biegekraft P_B kann nach WOLTER [1] aus dem Einheitsmoment bestimmt werden.

$$\frac{P_B \cdot l}{d_1 \cdot \pi \cdot s_o^2} = f\left(\frac{s_o}{2r_u}\right) \qquad r_u = \text{Halbmesser der ungelängten Faser}$$

$$l = \frac{d_1 - d_o}{2}$$

Bleibt $s_o/2r_u$ konstant, so ist

$$P_B \sim \frac{d_1 \cdot s_0^2}{d_1 - d_0} \quad . \tag{302}$$

Nach (301) und (302) ist zu erwarten, daß sich beide Kraftanteile P_A und P_B bei geometrischer Ähnlichkeit wie das Quadrat der Maßstabänderung verhalten, denn in (301) bleibt dann der Ausdruck

$$\ln\left[1 + \frac{(d_0 + 2s_0)^2 - d_0}{d_1^2}\right]$$

konstant und in (302) ändern sich d_1 und $(d_1 - d_0)$ im gleichen Verhältnis. Aus (301) folgt

$$\frac{P_{A1}}{P_{A2}} = \frac{d_{11}^2}{d_{12}^2}$$

und aus (302)

$$\frac{P_{B1}}{P_{B2}} = \frac{s_{01}^2}{s_{02}^2} \quad .$$

Darin stehen s_0 und d_1 wegen d_1/d_0 = const anstelle eines Maßstabes, so daß man bei geometrischer Ähnlichkeit auch schreiben kann:

$$\frac{P_{A1}}{P_{A2}} = \frac{P_{B1}}{P_{B2}} = \left(\frac{d_{11}}{d_{12}}\right)^2 = \left(\frac{s_{01}}{s_{02}}\right)^2 = \lambda^2 \quad .$$

Wenn die Reibungskräfte proportional den Umformkräften sind, was man nach den Versuchsergebnissen annehmen darf, verhalten sich die Stempelkräfte wie die Umformkräfte.

$$\frac{P_{sg1}}{P_{sg2}} = \frac{P_{A1} + P_{B1}}{P_{A2} + P_{B2}} = = \lambda^2 \quad . \tag{303}$$

(bei geometrischer Ähnlichkeit)

Damit sind diese Beziehungen unter das CAUCHYsche Ähnlichkeitsgesetz gestellt, durch das die Beziehung $\varkappa = \lambda^2$ für das elastische Gebiet nachgewiesen ist.

3.12 Kräfteverhältnis bei gleicher Blechdicke und konstantem Aufweitverhältnis

Während das Kräfteverhältnis bei geometrischer Ähnlichkeit Rückschlüsse auf Werkstücke verschiedener Blechdicke zuläßt, müssen für den Vergleich von Werkstücken gleicher Blechdicke andere Beziehungen aufgesucht werden.

Dazu empfiehlt es sich, Gleichung (301) in der Form

$$P_A = k_m \cdot \pi \cdot \frac{d_1 - d_0}{2} \cdot \ln\left[1 + \frac{(d_0 + 2s_0)^2 - d_0^2}{d_1^2}\right]^{d_1}$$

zu schreiben. Hierin kann der Ausdruck in den eckigen Klammern (nach Hütte I/27, Seite 82) in eine Reihe entwickelt werden.

$$(1+x)^n = 1 + \binom{n}{1}x + \binom{n}{2}x^2 + \binom{n}{3}x^3 + \cdots \quad \text{für} \quad |x| < 1$$

$$\left[1 + \frac{(d_0 + 2s_0)^2 - d_0^2}{d_1^2}\right]^{d_1} = \left[1 + \frac{4 d_0 s_0}{d_1^2} + \underbrace{\frac{4 s_0^2}{d_1^2}}_{\approx 0}\right]^{d_1} \approx \left[1 + \frac{4 d_0 \cdot s_0}{d_1^2}\right]^{d_1}$$

$$\approx 1 + d_1 \frac{4 d_0 s_0}{d_1^2} + \frac{d_1}{2} \cdot \underbrace{\frac{16 d_0^2 \cdot s_0^2}{d_1^4}}_{\approx 0}$$

$$\approx 1 + 4 \frac{d_0 s_0}{d_1} \; .$$

Das Ergebnis lautet dann für den Kraftanteil zum Aufweiten

$$P_A \approx k_m \cdot \pi \cdot \frac{d_1 - d_0}{2} \cdot \ln\left[1 + 4 \frac{d_0}{d_1} \cdot s_0\right] \; . \tag{304}$$

Aufweitverhältnis d_1/d_0 und damit auch $k_m = f(d_1/d_0)$ sowie die Blechdicke s_0 sollten konstant bleiben; d.h. unter diesen Voraussetzungen ist

$$P_A \sim d_1 \; .$$

Dagegen bleibt der Biegeanteil

$$P_B \sim \frac{d_1 \cdot s_0^2}{d_1 - d_0} = f\left(\frac{s_0}{2 r_u}\right) \approx const. \tag{302}$$

praktisch konstant. Die Abweichungen, die sich bei einer Änderung des Verhältnisses $(s_0/2r_u)$ für verschiedene Bordhöhen $l = 1/2 \, (d_1 - d_0)$ ergeben würden, sind nach dem Kraftschaubild für das Biegen mit Wangen von WOLTER [1] (Abb. 48) bei dem geringen Anteil der Biegekräfte an der gesamten Umformkraft und bei der Streuung der Meßwerte (bei konstanter Blechdicke und konstantem Aufweitverhältnis) vernachlässigbar. Für verschiedene Durchmesser d_1 ist dann mit einem Verhältnis der Stempelkräfte

$$\frac{P_{sg1}}{P_{sg2}} = \frac{P_{A1} + P_B}{P_{A2} - P_B} = \frac{d_{11} + C}{d_{12} + C} \tag{305}$$

(bei konstanter Blechdicke und konstantem Aufweitverhältnis) zu rechnen. Die einzelnen Werte für die Stempelkraft steigen demnach linear mit d_1. Durch Extrapolieren auf den Wert für $d_1 = 0$ erhält man die Größe des Biegeanteiles (Abb. 35).

3.13 Kräfteverhältnis bei unterschiedlichen Aufweitverhältnissen

Der Vergleich von Kräften für Innenborde verschiedener Aufweitverhältnisse stößt auf große Schwierigkeiten, weil dann keine Ähnlichkeit des Umformvorganges mehr besteht. Aus den Abbildungen 18 bis 22 geht hervor, daß die größte Stempelkraft nicht am Ende des Umformvorganges auftritt, sondern je nach der Form des Biegestempels mehr oder weniger nahe der Mitte. Das erschwert die Ermittlung der Größe von k_m in den Gleichungen (301) und (304), die sich entsprechend dem Aufweitverhältnis ändert, außerordentlich; denn die Umformung findet dann im wesentlichen gerade im Bereich des steilen Anstieges der Fließkurve statt.

Für den Fall, daß k_m linear vom Aufweitverhältnis d_1/d_0 abhängt, läßt sich aus (301) für den Anteil der Aufweitekräfte eine Näherungsgleichung ableiten.

Ersetzt man in (301)

$$P_A = k_m \cdot d_1 \cdot \pi \cdot \frac{d_1 - d_0}{2} \cdot \ln\left[1 + \frac{(d_0 + 2s_0)^2 - d_0^2}{d_1^2}\right]$$

den Wert ln [ ] nach Hütte I/27, Seite 82, durch das erste Glied der Reihe

$$\ln[1+x] = x - \frac{x^2}{2} + \frac{x^3}{3} - \cdots \qquad \text{für} \qquad -1 < x \leq +1$$

vereinfacht sich die Gleichung zu

$$P_A \approx k_m \cdot \pi \cdot \frac{1}{2}\left[d_1(d_1 - d_0)\frac{d_0^2 + 4d_0 s_0 + 4s_0^2 - d_0^2}{d_1^2}\right]$$

$$\approx k_m \cdot \pi \cdot 2s_0 \left(1 - \frac{d_0}{d_1}\right)\left(\frac{d_0}{d_1} + \frac{s_0}{d_1}\right).$$

Soweit k_m linear vom Aufweitverhältnis d_1/d_0 abhängt, wird damit angenähert

$$P_A \sim 2s_0 \left(1 - \frac{d_0}{d_1}\right)\left(1 + \underbrace{\frac{s_0}{d_0}}_{\approx 0}\right) \qquad \text{und}$$

$$\frac{P_{A1}}{P_{A2}} \approx \frac{\left(1 - \frac{d_0}{d_1}\right)_1}{\left(1 - \frac{d_0}{d_1}\right)_2} \qquad (306)$$

(für gleichbleibende Blechdicke)

Der Biegeanteil müßte nach (302) für größere Aufweitverhältnisse etwas abnehmen. Da sein Betrag im Vergleich zum Aufweiteanteil nur sehr gering ist und auch die Meßergebnisse keinen wesentlichen Unterschied erkennen lassen, kann man ihn im Rahmen der hier erzielbaren Genauigkeit als konstant ansetzen.

Die unter 3.1 abgeleiteten Gleichungen ergeben noch einmal zusammengefaßt die folgenden Modellbeziehungen:

1. Bei geometrisch ähnlichen Innenborden verhalten sich bei gleichem Werkstoff die größten Stempelkräfte, also Aufweite- und Biegeanteil, wie das Quadrat der Maßstabänderung λ :

$$\frac{P_{sg1}}{P_{sg2}} = \frac{P_{A1} + P_{B1}}{P_{A2} + P_{B2}} = \lambda^2 \quad . \tag{303}$$

2. Für Innenborde gleicher Blechdicke und gleichen Aufweitverhältnisses gilt bei unterschiedlichem Innendurchmesser d_1:

    Die Kraftanteile zum Aufweiten verhalten sich wie die Durchmesser; der Biegeanteil bleibt konstant.

$$\frac{P_{A1}}{P_{A2}} = \frac{d_{11}}{d_{12}} \; ; \; P_{B1} = P_{B2} \quad . \tag{305}$$

3. Bei unterschiedlichen Aufweitverhältnissen aber gleicher Blechdicke und gleichem Innendurchmesser d_1 kann man angenähert sagen:

$$\frac{P_{A1}}{P_{A2}} \approx \frac{\left(1 - \frac{d_o}{d_1}\right)_1}{\left(1 - \frac{d_o}{d_1}\right)_2} \; ; \; P_{B1} \approx P_{B2} \quad . \tag{306}$$

3.2 Gemessene Stempelkraft

In den Abbildungen 35 bis 37 sind die Meßergebnisse für drei Blechwerkstoffe von $s_o = 0,8$ bis 4 mm Dicke zusammengestellt. Mit Rücksicht auf die oben gefundenen Modellgesetze wurde die Darstellung

$$\frac{P_{sg}}{s_o^2} = f\left(\frac{d_1}{s_o}\right) \quad .$$

gewählt, die wohl die Verhältnisse, bezogen auf die Blechdicke $s_o = 1$, am anschaulichsten wiedergibt. Hierin tritt der Biegeanteil als konstant und der Aufweitanteil proportional d_1/s_o auf. Da der Wert s_o^2 hier lediglich als Größenmaßstab für geometrische Ähnlichkeit erscheint, könnte man ebenso

$$\frac{P_{sg}}{d_1^2} = f\left(\frac{d_1}{s_0}\right)$$

oder

$$\frac{P_{sg}}{d_1 \cdot s_0} = f\left(\frac{s_0}{d_1}\right) .$$

zur Darstellung benutzen. (In der letztgenannten Form würde der Aufweitanteil als Konstante und der Biegeanteil proportional s_0/d_1 verlaufen.)

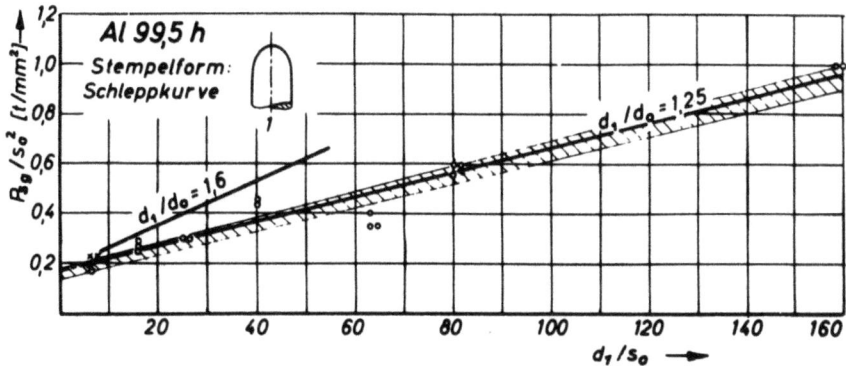

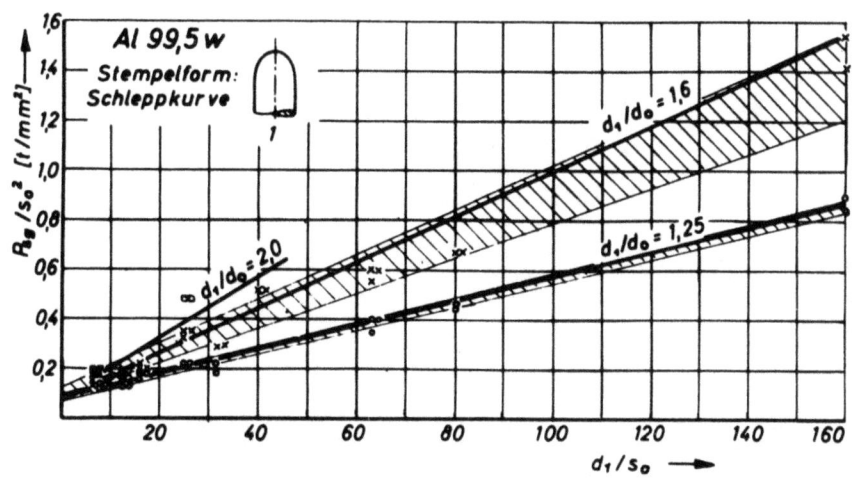

Abbildungen 36 und 37
Größte Stempelkräfte beim Biegen mit engem Spalt

Die angegebenen Kräfte gelten für Stempel mit Schleppkurvenform nach Abbildung 13 und engem Spalt sowie Schmierung mit Maschinenöl. Neben den Meßwerten sind die zugehörigen Streufelder angegeben. Sie sind das Ergebnis einer Ausgleichsrechnung für die Funktion

$$\frac{P_{sg}}{s_0^2} = f\left(\frac{d_1}{s_0}\right) = \frac{P_{sg}}{s_0^2} + \frac{P_{Ag}}{s_0 \cdot d_1} \cdot \frac{d_1}{s_0} .$$

P_{Bg} stellt den gesamten Biegeanteil einschließlich Reibung dar.

Die eingezeichneten Geraden wurden aus einem nach Gleichung (306) aus den Streufeldern für die verschiedenen Aufweitverhältnisse gebildeten Mittelwert bestimmt. Wie bereits vorher angegeben, lassen sich die Kurven für P_{sg}/s_o^2 in den Abbildungen 35 bis 37 durch Gleichungen der Form

$$\frac{P_{sg}}{s_o^2} = \frac{P_{Bg}}{s_o^2} + \frac{P_{Ag}}{s_o \cdot d_1} \cdot \frac{d_1}{s_o}$$

ausdrücken. Die Werte $P_{Ag}/s_o \cdot d_1$ (für die verschiedenen Aufweitverhältnisse) wurden nach (306) durch $(1 - d_o/d_1)$ dividiert und daraus für jeden untersuchten Werkstoff der Mittelwert gebildet. Dieser ergibt, wieder mit dem zugehörigen Wert $(1-d_o/d_1)$ multipliziert, die Bestimmungsgröße für die dick ausgezogenen Geraden. Dadurch ist es möglich, auch für die Aufweitverhältnisse, für die nicht genügend Meßwerte vorliegen, sichere Werte anzugeben.

Ergebnisse der Ausgleichsrechnung

$$\frac{P_{sg}}{s_o^2} = \frac{P_{Bg}}{s_o^2} + \frac{P_{Ag}}{s_o \cdot d_1} \cdot \frac{d_1}{s_o}$$

Biegeanteil P_{Bg}/s_o^2 : $[t/mm^2]$

St VIII.23

$d_1/d_o = 2,0 \quad P_{Bg}/s_o^2 = 0,34 \pm 0,11 \quad [t/mm^2]$
$ = 1,6 \quad \phantom{P_{Bg}/s_o^2} = 0,20 \pm 0,04$
$ = 1,25 \quad \phantom{P_{Bg}/s_o^2} = 0,32 \pm 0,21$

gewogenes Mittel $\dfrac{9 \cdot 0,20 + 0,34}{10} = 0,21$

Al 99,5 w

$d_1/d_o = 1,6 \quad P_{Bg}/s_o^2 = 0,10 \pm 0,02 \quad [t/mm^2]$
$ = 1,25 \quad \phantom{P_{Bg}/s_o^2} = 0,075 \pm 0,01$

gewogenes Mittel $\dfrac{4 \cdot 0,075 + 0,10}{5} = 0,08$

Al 99,5 h

$d_1/d_o = 1,25 \quad P_{Bg}/s_o^2 = 0,18 \pm 0,02 \quad [t/mm^2]$

Aufweiteanteil $P_{Ag}/s_o \cdot d_1$ $[t/mm^2]$

St VIII.23

   Meßwerte:

   $d_1/d_o = 2,0$ $P_{Ag}/s_o \cdot d_1 = (19,7 \pm 1,5) \cdot 10^{-3}$ $\dfrac{P_{Ag}/s_o \, d_1}{1 - d_o/d_1} = (39,4 \pm 4,0) \cdot 10^{-3}$

         $= 1,6$ $= (14,4 \pm 0,5) \cdot 10^{-3}$ $= (38,9 \pm 1,4) \cdot 10^{-3}$

         $= 1,25$ $= (5,9 \pm 3) \cdot 10^{-3}$

   gewogenes Mittel $\dfrac{9 \cdot 38,9 + 39,4}{10} = 39 \cdot 10^{-3}$

   daraus abgeleitet:

   $d_1/d_o = 2,5$ $P_{Ag}/s_o \cdot d_1 = 0,023$ $[t/mm^2]$
         $= 2,0$ $= 0,020$
         $= 1,6$ $= 0,014$
         $= 1,25$ $= 0,008$

Al 99,5 w

   Meßwerte:

   $d_1/d_o = 1,6$ $P_{Ag}/s_o \cdot d_1 = (7,3 \pm 0,6) \cdot 10^{-3}$ $\dfrac{P_{Ag}/s_o \cdot d_1}{1 - d_o/d_1} = (19,7 \pm 1,6) \cdot 10^{-3}$

         $= 1,25$ $= (4,9 \pm 0,1) \cdot 10^{-3}$ $= (24,5 \pm 0,5) \cdot 10^{-3}$

   gewogenes Mittel $\dfrac{9 \cdot 24,5 + 19,7}{10} = 24 \cdot 10^{-3}$

   daraus abgeleitet:

   $d_1/d_o = 2,0$ $P_{Ag}/s_o \cdot d_1 = 0,012$ $[t/mm^2]$
         $= 1,6$ $= 0,009$
         $= 1,25$ $= 0,005$

Al 99,5 h

   Meßwerte:

   $d_1/d_o = 1,25$ $P_{Ag}/s_o \cdot d_1 = (5,3 \pm 0,3) \cdot 10^{-3}$ $\dfrac{P_{Ag}/s_o \cdot d_1}{1 - d_o/d_1} = (25,1 \pm 1,5) \cdot 10^{-3}$

   daraus abgeleitet:

   $d_1/d_o = 1,6$ $P_{Ag}/s_o \cdot d_1 = 0,009$ $[t/mm^2]$
         $= 1,25$ $= 0,005$

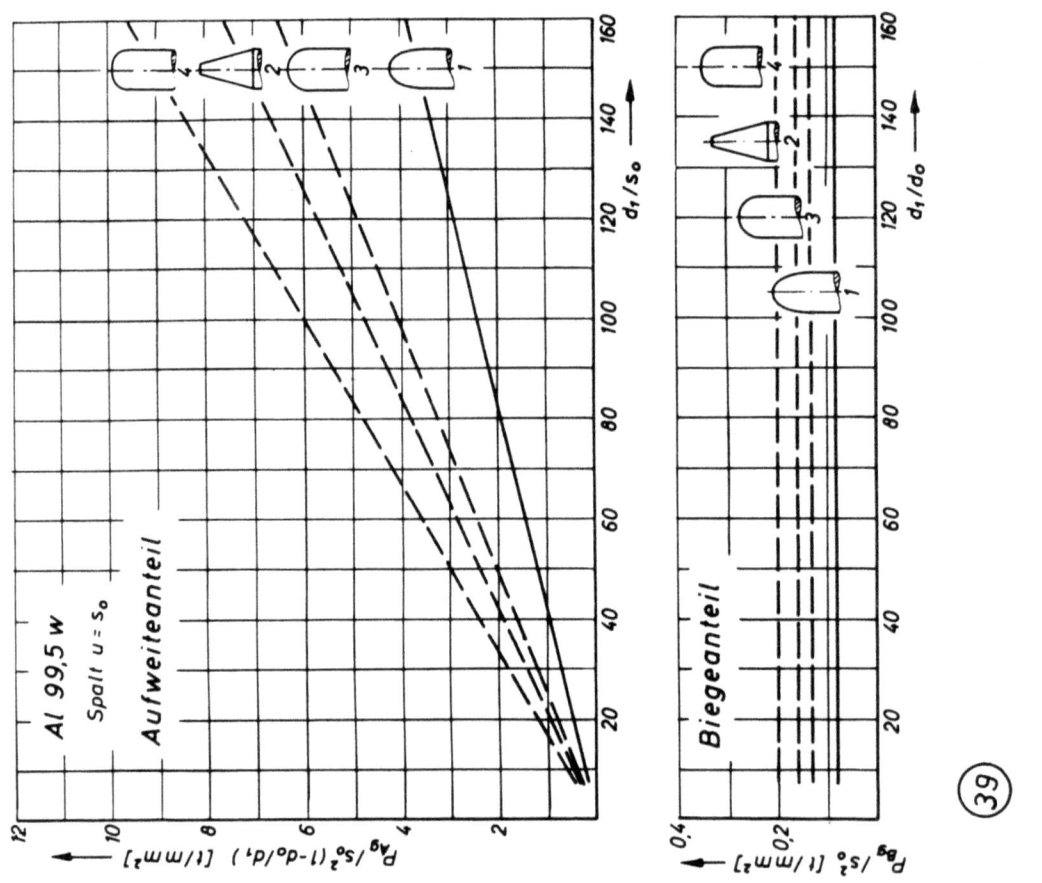
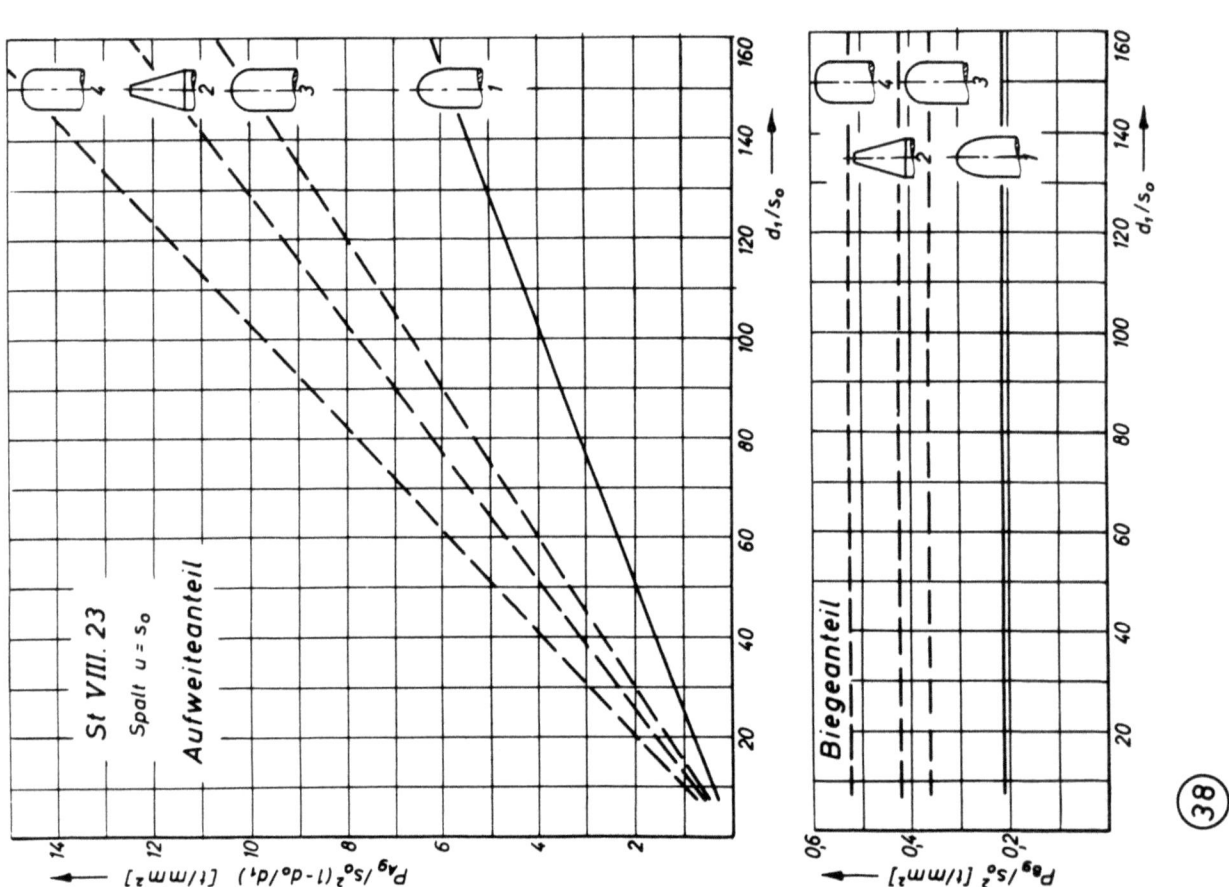

Abbildung 38 und 39

Aufweite- und Biegeanteil an der Stempelgrößtkraft beim Biegen mit engem Spalt

Da die so gewonnenen Geraden für $P_{sg}/s_o^2 = f(d_1/s_o)$ alle im Bereich der zugehörigen Streufelder liegen, scheint die Genauigkeit der vereinfachten Beziehung (306) innerhalb der Grenzen von Meßgenauigkeit und voneinander abweichender Werkstoffe gleicher Bezeichnung zu liegen. Somit ist es möglich, aus einer einzigen Geraden bzw. deren Streufeld, die man durch wenige Versuche bestimmen kann, die zu erwartenden größten Kräfte für alle Bordabmessungen hinreichend genau zu bestimmen. In Abbildung 38 bis 40 sind die Werte für St VIII.23 und Al 99,5 w und h noch einmal getrennt aufgetragen, und zwar die Biegeanteile P_{Bg} in der Form

$$\frac{P_{Bg}}{s_o^2} = f\left(\frac{d_1}{s_o}\right) \quad \text{und die Kraftanteile} \quad \frac{P_{Ag}}{s_o^2\left(1 - \frac{d_o}{d_1}\right)} = f\left(\frac{d_1}{s_o}\right)$$

für das Aufweiten als

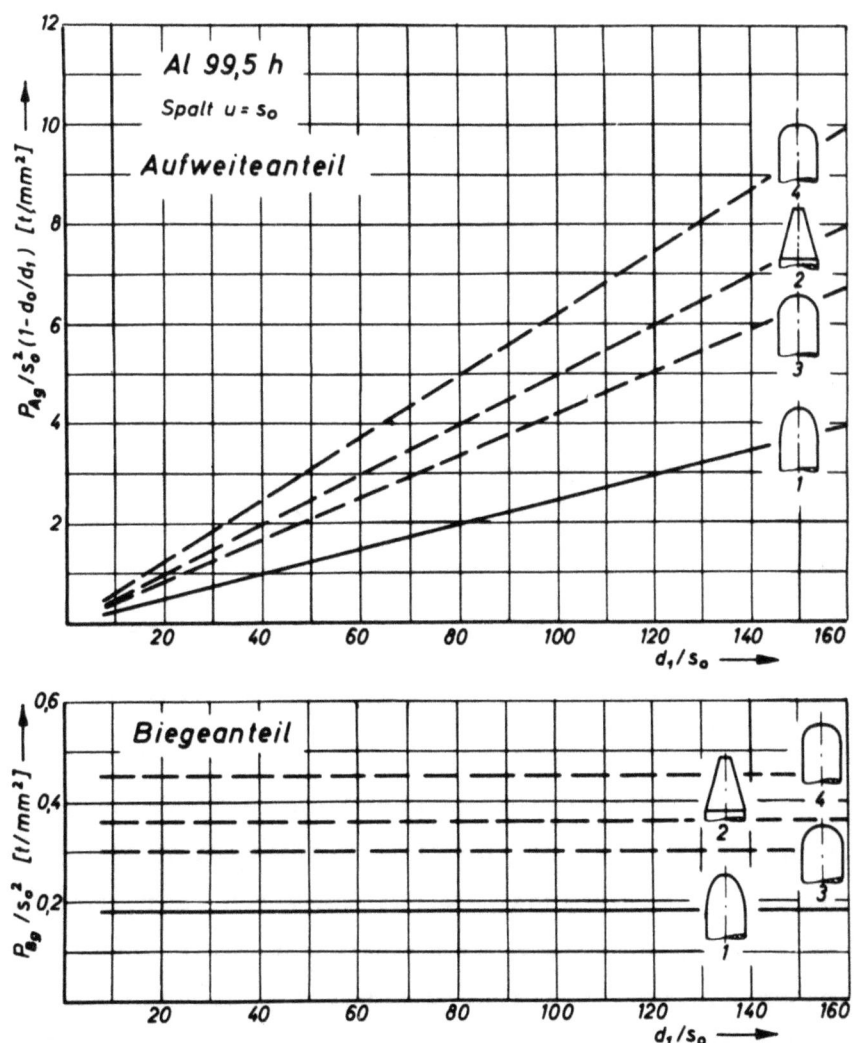

Abbildung 40

Aufweite- und Biegeanteil an der Stempelgrößtkraft beim Biegen mit engem Spalt

Für die Auswertung von Stichversuchen eignet sich diese Art der Darstellung am besten. Aus dem Verlauf dieser Funktion lassen sich die Kurvenscharen $P_{Sg}/s_o^2 = f(s_o/d_1)$ (Abb. 35 bis 37), die bei häufiger Anwendung zweckmäßiger sind, durch einfache Umrechnung ermitteln.

ELENZ [8] gibt als Ergebnis seiner Versuche einen konstanten Wert für

$$\frac{P_{sg}}{s_o \cdot d_1} = f\left(\frac{s_o}{d_1}\right)$$

an. Das erklärt sich aus den großen Aufweitverhältnissen, die sich mit polierten Ronden auf der Drückbank erzielen lassen. Diese erfordern, besonders bei dem hierzu benutzten flachen Werkzeug mit abgerundeter Kante, große Aufweitkräfte, die gegenüber den Biegekräften so sehr überwiegen, daß deren Änderung in der Streuung der Meßwerte untergeht.

3.3 Einfluß der Stempelform

Die im vorigen Abschnitt 3.2 angegebenen Werte beziehen sich auf Stempel mit Schleppkurvenform (Form 1 in Abb. 42). Für die anderen unter 1.22 besprochenen Formen liegen die Werte entsprechend höher (Abb. 42), und zwar

bei einer Stempelkantenrundung
von $r = 2 \cdot 1$ (Form 3)   um das 1,7fache

bei kegelförmigem Stempel mit
$15°$ Neigung   (Form 2)   um das 2,0fache

bei einer Stempelkantenrundung
von $r = 1$ (Form 4)   um das 2,5fache

und bei einer Kantenrundung
von $r = \frac{1}{3} 1$ (Form 5)   um das 2,7fache

Diese Verhältnisse gelten nicht nur für die unter 1.22 untersuchten Abmessungen, sondern ganz allgemein bei engem Spalt $u \approx s_o$. Bei weitem Spalt $u \gg s_o$ ist der Unterschied zwischen den erforderlichen Kräften wesentlich geringer (Abb. 42), da der Werkstoff hier nicht durch den engen Spalt am Ausweichen gehindert wird, wenn z.B. der kegelige Stempel mit der Kante am Übergang zum Schaft in das Werkstück eindringt. Desgleichen treten die Kraftspitzen, wie sie die flachen Formen bei engem Spalt hervorrufen, hier nicht in voller Größe auf, weil der Werkstoff die scharfen Übergänge durch freie, unerzwungene Umformung ausgleichen kann.

3.4 Einfluß der Spaltweite

Für Biegespalt $u > s_o$ wird die größte Stempelkraft geringer, je größer der Spalt gewählt wird. Bis zu einer Spaltweite von etwa 10 s_o sinkt die Stempelkraft bei schleppkurvenförmigem Stempel auf rund 70 % des Wertes bei engem Spalt, um dann konstant zu bleiben (Abb. 41).

Bei den anderen untersuchten Stempelformen ist der Unterschied noch größer. Die für den kegelförmigen Stempel (Form 2) notwendige größte Stempelkraft sinkt bei einem Spalt $u = 10 \cdot s_o$ auf 40 % der bei engem Spalt $u = s_o$ aufzubringenden Kraft, und die kreisförmig abgerundeten Stempel (Form 3, 4, 5) benötigen dann nur noch etwa 60 % (Abb. 42).

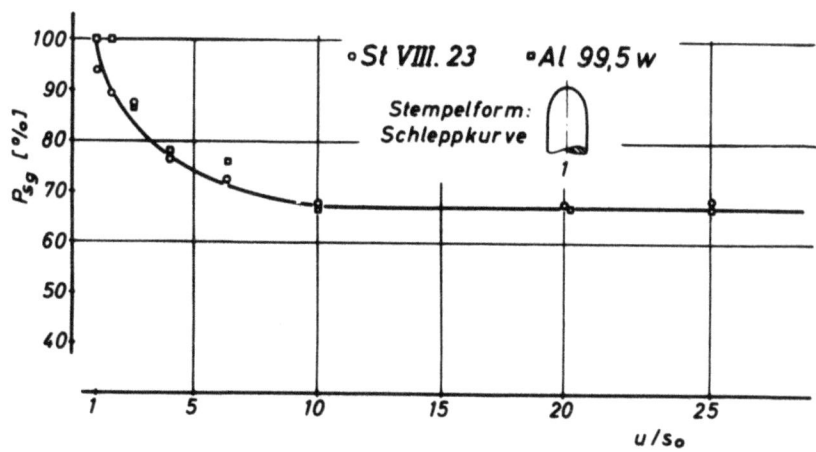

Abbildung 41

Stempelkraft abhängig von der Spaltweite u

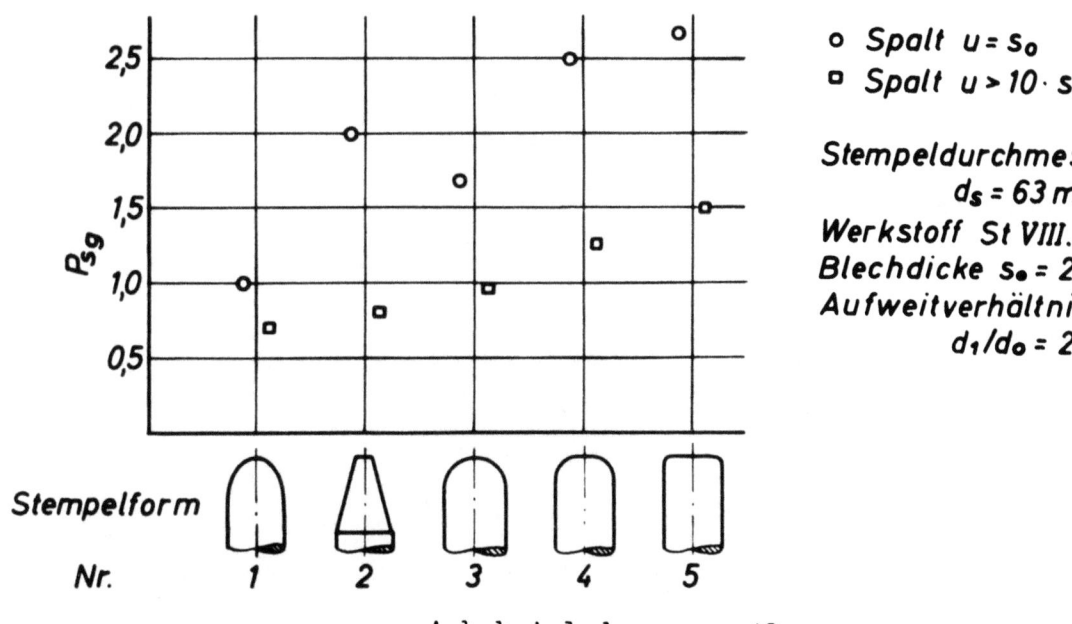

Abbildung 42

Größte Stempelkraft bei weitem und engem Spalt für verschiedene Stempelformen im Verhältnis zur Schleppkurvenform

4. Zusammengesetzte Formen

Es wäre denkbar, daß Borde, die im Gegensatz zu der geschlossenen Kreisform aus Bogenabschnitten bestehen, die in gerade Schenkel auslaufen, größere Aufweitverhältnisse in der Rundung zulassen, weil dann der Werkstoff aus den in dieser Richtung ungedehnten geraden Abschnitten in den Bogen fließen und diesen entlasten kann. Um festzustellen, wie weit die Schaubilder 32 bis 34 für das größte Aufweitverhältnis auf Borde übertragbar sind, die keinen geschlossenen Kreis bilden, wurden die Ergebnisse des Abschnittes 2 unter sonst gleichen Bedingungen mit dem auf Abbildung 43 abgebildeten Werkzeug überprüft. Da bei den zusammengesetzten Formen 90° - Bogen am häufigsten vorkommen, ist dazu ein Werkzeug mit rechteckigem Stempel, dessen 4 Kanten nach R5 mit r = 12,5 - 20 - 31,5 und 50 mm abgerundet sind, gewählt worden. Der Biegering besteht aus einzelnen verstellbaren Abschnitten, um den Spalt für jede Blechdicke passend einstellen zu können.

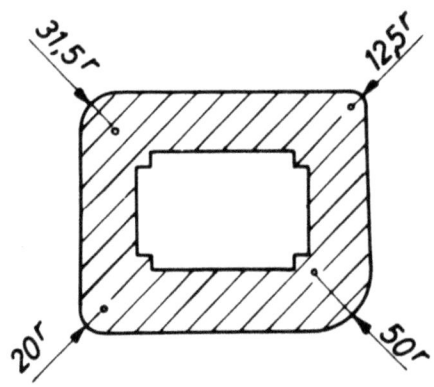

A b b i l d u n g 43
Versuchswerkzeug für zusammengesetzte Formen

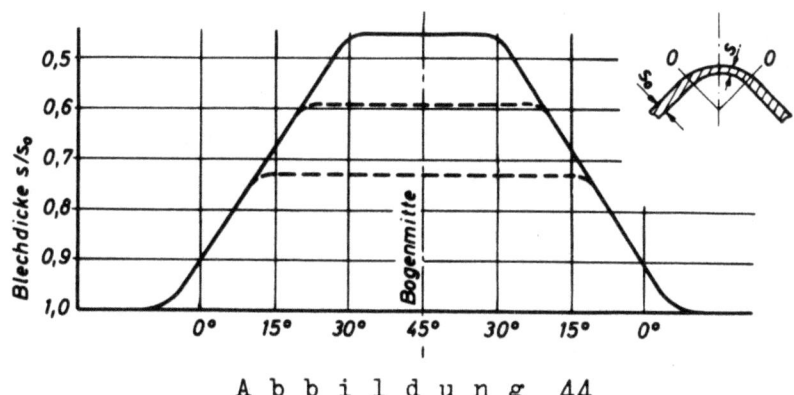

Abbildung 44

Verlauf der Blechdicke im 90°-Bogen

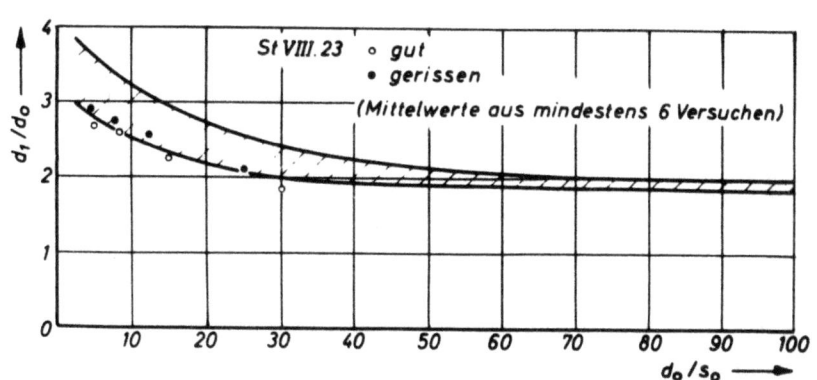

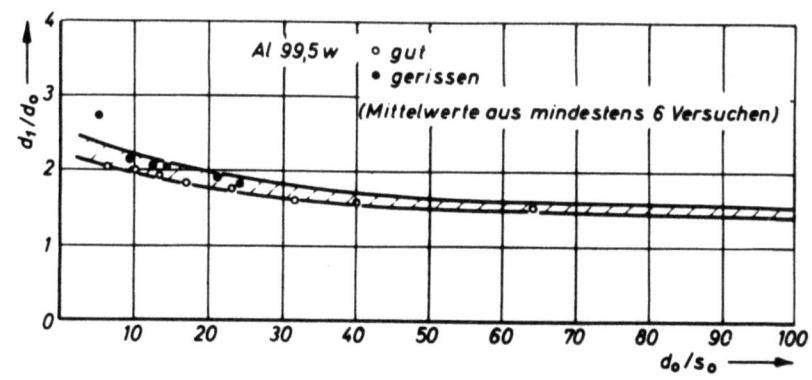

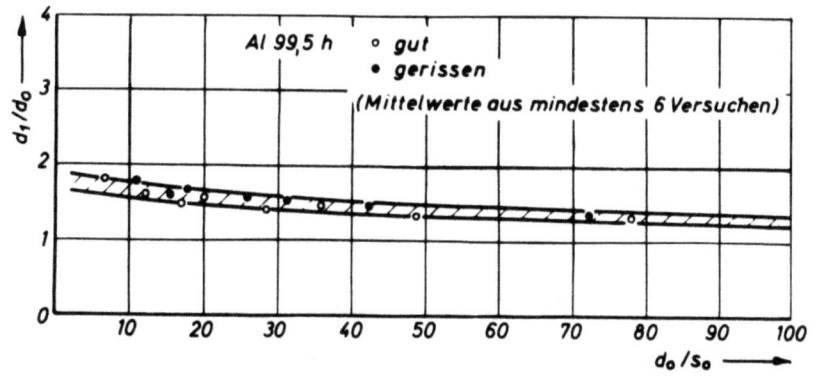

Abbildungen 45 bis 47

Bei 90°-Bogen erreichbares Aufweitverhältnis
(Streufelder aus Abb. 32 bis 34)

Die Versuche ergaben, daß zwar im Übergangsgebiet Werkstoff in den
Bogen nachfließt. Dieser Ausgleich beschränkt sich jedoch nur auf einen
Bogen von etwa 15 bis 20°, während im Innern der Rundung die gleiche
Dehnung und Dickenabnahme auftritt wie bei der geschlossenen Kreisform
(Abb. 44). Demnach dürfte erst bei Bogen von weniger als 30° ein größeres Aufweitverhältnis zu erwarten sein. In den Abbildungen 45 bis 47
sind für St VIII.23, Al 99,5 w und Al 99,5 h die Meßergebnisse in das
Schaubild für die Aufweitverhältnisse nach Abbildung 32 bis 34 eingetragen. Die Bruchgrenzen liegen alle im Bereich der geschlossenen,
kreisförmigen Borde. Genau wie bei diesen, wurden die Vorlöcher der Kantenrundungen ebenfalls gebohrt, die geraden Abschnitte gesägt. Der
Bruch trat immer im Bereich der größten Dehnung auf und nie am Übergang
von der gebohrten zur gesägten Lochwandung. Sofern die Bogen in zusammengesetzten Formen nicht sehr kurz sind, kann man für sie unmittelbar
auf die Werte für geschlossene, runde Borde zurückgreifen.

5. Zusammenfassung

Das Biegen von Innenborden mit Stempeln stellt einen Umformvorgang dar,
der sich als "Biegen mit Querdehnung" oder "Biegen um konkav gekrümmte
Achsen" unter die Biegeverfahren einordnen läßt. Dabei wird der Werkstoff gleichzeitig durch das Moment zum Biegen um die Werkzeugkante
und durch die Normalkräfte zum Aufweiten vom Vorlochdurchmesser auf den
Stempeldurchmesser beansprucht. Der Verlauf des Umformvorganges und die
beim freien Biegen mit weitem Spalt sich einstellende Werkstückform
sind in erster Linie durch den Biegevorgang bedingt. Der durch das Aufweiten hervorgerufene Spannungszustand im Bereich der Vorlochwandung
begrenzt – neben Werkstoff- und Fertigungseinflüssen – das mit diesem
Verfahren erreichbare Aufweitverhältnis und damit die Länge des Bordes.
Abgesehen von den Reibkräften, setzt sich die zum Umformen nötige Stempelkraft aus Anteilen beider Vorgänge zusammen. Der Kraftanteil für
das Aufweiten überwiegt bei den hier hauptsächlich untersuchten weiten
Borden gegenüber dem Biegeanteil.

Ein wesentliches Kennzeichen dieses Umformverfahrens ist, daß die Biegelänge (Aufweithalbmesser – Vorlochhalbmesser) während des gesamten Umformvorganges konstant bleibt. Die Dehnung des Werkstoffes in Umfangrichtung erfolgt ausschließlich auf Kosten der Blechdicke. Dadurch ist
es ohne Schwierigkeiten möglich, auch für nicht kreisförmige Borde oder
Borde an gewölbten Flächen, wie Rohrwänden und dgl. Vorlöcher zu

konstruieren, die einen Bord mit ebener Anschlußfläche entstehen lassen.

Bei genauer Kenntnis des Umformvorganges erweist es sich als möglich, eine Stempelform zu berechnen, die gegenüber den sonst allgemein üblichen Werkzeugformen ein Biegen mit wesentlich geringerer Preßkraft zuläßt. Diese Form, die der sog. Schleppkurve oder HUYGENSschen Traktrix entspricht, kann durch einfache Maßstabänderung allen Werkstückabmessungen angepaßt werden. Da hier der Stempel immer am Rand des Vorloches angreift, entsteht ein zylindrischer Bord mit gerader Wandung. Formen, die dieser Bedingung nicht genügen, rufen wegen der elastischen Rückfederung des Werkstoffes eine Einwölbung am äußeren Rand des Bordes hervor.

Ein Einfluß der Stempelform auf das erreichbare Aufweitverhältnis war, abgesehen von flachen Stempeln mit ungenügender Rundung, nicht festzustellen. Das Aufweitverhältnis wird einmal begrenzt durch den Spannungszustand im umgeformten Blech, der sich je nach dem Verhältnis Vorlochdurchmesser d_o zu Ausgangsblechdicke einstellt. Ist der Vorlochdurchmesser klein im Verhältnis zu Blechdicke s_o, läßt sich ein höheres Aufweitverhältnis erzielen. Es sinkt aber nur bis auf einen bestimmten Wert, um dann etwa ab $d_o/s_o = 50$ konstant zu bleiben. Dieses Verhalten ist durch den Einfluß der Radialspannungen bedingt, die dann so gering werden, daß sie keinen Einfluß mehr haben. Daneben wirken sich der Grat und die Oberflächengüte der Vorlochwandung sehr stark auf das erreichbare Aufweitverhältnis aus. Die Werte für geschnittene Vorlöcher ohne Nachbehandlung liegen wesentlich niedriger als die der durch Abspanen hergestellten Bohrungen. Lassen sich die geforderten Abmessungen mit einfach geschnittenen Vorlöchern nicht erreichen, kann man das Aufweitverhältnis durch eine geeignete Nachbearbeitung heraufsetzen. Zugfestigkeit, Bruchdehnung oder andere im einachsigen Zerreißversuch gewonnene Werkstoffkenngrößen sind keine Maße für das größte Aufweitverhältnis.

Für die Umformkräfte lassen sich Modellgesetze ableiten, die es gestatten, Meßergebnisse mit genügender Genauigkeit auf Borde anderer Abmessungen zu übertragen. Dadurch ist es schon mit wenigen, richtig angesetzten Stichversuchen möglich, für einen im Verhalten unbekannten Blechwerkstoff ausreichende Unterlagen über die erforderlichen Stempelkräfte für alle Bordabmessungen zu gewinnen. Die Größe der aufzubringenden Stempelkraft hängt außer vom Werkstoff und den Werkstückabmessungen wesentlich von der Gestalt des Werkzeuges ab. Hat der Werkstoff bei genügend großem Spalt Gelegenheit, seine Form frei auszubilden, genügen hierzu etwa 70 % der Stempelkraft, die nötig ist, einen scharfkantig gebogenen Bord zu erzeugen. Der Unterschied zwischen den erforderlichen Kräften für die verschiedenen Stempelformen ist dann ebenfalls geringer, weil der Werkstoff nicht durch den Spalt in eine bestimmte Form gezwungen wird und scharfe Übergänge in der Stempelform durch freie, unerzwungene Formänderung ausgleichen kann.

Innenborde, die keinen geschlossenen Kreis bilden, sondern aus Bogenabschnitten bestehen, die in gerade Schenkel auslaufen, lassen bei den am meisten angewendeten 90°-Bogen kein größeres Aufweitverhältnis zu. Im Innern der Rundung tritt die gleiche Dickenabnahme wie bei der geschlossenen Kreisform auf, wenn der Zentriwinkel größer als 30° ist.

Sofern die Bogen bei derartig zusammengesetzten Formen nicht sehr kurz sind, kann man für sie unmittelbar auf die Werte für geschlossene, kreisförmige Borde zurückgreifen.

Dipl.-Ing. Reinhard WILKEN

Literaturverzeichnis

[1] WOLTER, K.H.　　Bildsames Biegen von Blechen um gerade Kanten.
Diss. TH Hannover 1950
VDI-Forschungsheft 435 (1952)

[2] SCHWARK, H.F.　　Rückfederung an bildsam gebogenen Blechen.
Diss. TH Hannover 1952

[3] KACZMAREK, E.　　Praktische Stanzerei Bd. 2.
Berlin 1949, Verlag Springer

[4] OEHLER, G. und F. KAISER　　Schnitt-, Stanz- und Ziehwerkzeuge.
Berlin 1954, Verlag Springer

[5] HILBERT, H.L.　　Hütte, Taschenbuch für Betriebsingenieure (Betriebshütte) Bd. 1.
Berlin, Wilhelm Ernst und Sohn, S. 233

[6] -　　Normblatt DIN 7952

[7] KIENZLE, O. und W. TIMMERBEIL　　Das Durchziehen enger Kragen an ebenen Blechen.
Mitteilungen der Forschungsgesellschaft Blechverarbeitung (1953), S. 250-252, (1954), S. 2-9, S. 41, S. 66-70

[8] ELENZ, H.　　Kräfte und Grenzverhältnisse beim Aushalsen von Blechen.
Diss. TH Stuttgart 1956

[9] NADAI, A.　　Der bildsame Zustand der Werkstoffe.
Berlin 1927, Verlag Springer

[10] SIEBEL, E.　　Grundlagen und Begriffe der bildsamen Formgebung.
Werkstatttechnik und Maschinenbau $\underline{40}$ (1950), S. 373-380

[11] SANDEN, H. v.　　Vorlesungen über praktische Mathematik.
TH Hannover

[12] SANDEN, H. v.　　　　　Praktische Mathematik.
　　　　　　　　　　　　　　Leipzig 1951, G.B. Teubner-Verlag

[13] HILL, R.　　　　　　　The Mathematical Theory of Plasticity.
　　　　　　　　　　　　　　Oxford 1950, Clarendon Press

[14] PRAGER, W. und　　　　Theorie ideal plastischer Körper.
　　　　P.G. HODGE　　　　　Wien 1954, Verlag Springer

[15] PESTEL, E.　　　　　　Vorlesungen über Plastizitätstheorie.
　　　　　　　　　　　　　　TH Hannover

[16] SIEBEL, E.　　　　　　Werkstoffmechanik.
　　　　　　　　　　　　　　Zeitschrift d. VDI 94 (1952), S. 465-71

[17] PANKNIN, W. und　　　 Untersuchungen über die Übertragbarkeit
　　　　W. EYCHMÜLLER　　　 von Ergebnissen des Näpfchenversuchs auf
　　　　　　　　　　　　　　Großwerkzeuge beim Tiefziehen zylindri-
　　　　　　　　　　　　　　scher Teile.
　　　　　　　　　　　　　　Mitteilungen der Forschungsgesellschaft
　　　　　　　　　　　　　　Blechverarbeitung (1955), S. 205-09

[18] SIEBEL, E. und　　　　Untersuchung über die Übertragbarkeit
　　　　E. KOTTHAUS　　　　 von Versuchsergebnissen an Modellen auf
　　　　　　　　　　　　　　Großwerkzeuge beim Tiefziehen zylindri-
　　　　　　　　　　　　　　scher, runder Teile.
　　　　　　　　　　　　　　Mitteilungen der Forschungsgesellschaft
　　　　　　　　　　　　　　Blechverarbeitung (1955), S. 181-85

FORSCHUNGSBERICHTE DES LANDES NORDRHEIN-WESTFALEN

Herausgegeben durch das Kultusministerium

MASCHINENBAU

HEFT 45
Losenhausenwerk Düsseldorfer Maschinenbau AG., Düsseldorf
Untersuchungen von störenden Einflüssen auf die Lastgrenzenanzeige von Dauerschwingprüfmaschinen
1953, 36 Seiten, 11 Abb., 3 Tabellen, DM 7,25

HEFT 136
Dipl.-Phys. P. Pilz, Remscheid
Über spezielle Probleme der Zerkleinerungstechnik von Weichstoffen
1955, 58 Seiten, 19 Abb., 2 Tabellen, DM 11,50

HEFT 147
Dr.-Ing. W. Rudisch, Unna
Untersuchung einer drehelastischen Elektromagnet-Synchronkupplung
1955, 82 Seiten, 65 Abb., DM 17,70

HEFT 183
Dr. W. Bornheim, Köln
Entwicklungsarbeiten an Flaschen- und Ampullen-Behandlungsmaschinen für die pharmazeutische Industrie
1956, 48 Seiten, 24 Abb., DM 11,70

HEFT 212
Dipl.-Ing. H. Spodig, Selm
Untersuchung zur Anwendung der Dauermagnete in der Technik   *1955, 44 Seiten, 25 Abb., DM 9,80*

HEFT 295
Prof. Dr.-Ing. H. Opitz und Dipl.-Ing. H. Axer, Aachen
Untersuchung und Weiterentwicklung neuartiger elektrischer Bearbeitungsverfahren
1956, 42 Seiten, 27 Abb., DM 10,30

HEFT 298
Prof. Dr.-Ing. E. Oehler, Aachen
Untersuchung von kritischen Drehzahlen, die durch Kreiselmomente verursacht werden
1956, 50 Seiten, 35 Abb., DM 13,15

HEFT 384
Prof. Dr.-Ing. H. Opitz, Aachen
Schwingungsuntersuchungen an Werkzeugmaschinen
1958, 66 Seiten, 73 Abb., DM 20,40

HEFT 412
Prof. Dr.-Ing. H. Opitz, Aachen
Kennwerte und Leistungsbedarf für Werkzeugmaschinengetriebe
1958, 72 Seiten, 35 Abb., DM 17,20

HEFT 506
Prof. Dr.-Ing. W. Meyer zur Capellen, Aachen
Der Flächeninhalt von Koppelkurven. Ein Beitrag zu ihrem Formenwandel
1958, 74 Seiten, 26 Abb., DM 21,50

HEFT 533
Prof. Dr.-Ing. H. Opitz und Dipl.-Ing. W. Hölken, Aachen
Untersuchung von Ratterschwingungen an Drehbänken
1958, 70 Seiten, 44 Abb., 2 Tabellen, DM 19,70

HEFT 606
Oberbaurat Prof. Dr.-Ing. W. Meyer zur Capellen, Aachen
Eine Getriebegruppe mit stationärem Geschwindigkeitsverlauf

HEFT 631
Dr. E. Wedekind, Krefeld
Der Einfluß der Automatisierung auf die Struktur der Maschinen und Arbeiterzeiten am mehrstelligen Arbeitsplatz in der Textilindustrie
1958, 86 Seiten, 34 Abb., DM 21,10

HEFT 667
Prof. Dr.-Ing. H. Opitz, Dipl.-Ing. H. de Jong, Aachen
Schwingungs- und Geräuschuntersuchung an ortsfesten Getrieben

HEFT 668
Prof. Dr.-Ing. H. Opitz, Dipl.-Ing. G. Ostermann, Dipl.-Ing. M. Gappisch, Aachen
Beobachtungen über den Verschleiß an Hartmetallwerkzeugen

HEFT 669
Prof. Dr.-Ing. H. Opitz, Dipl.-Ing. H. Uhrmeister, Dipl.-Ing. K. Jüstel, Aachen
Aufbau und Wirkungsweise einer Magnetbandsteuerung

HEFT 670
Prof. Dr.-Ing. H. Opitz, Dipl.-Ing. W. Backe, Aachen
Untersuchung von Kopiersteuerungen

HEFT 671
Prof. Dr.-Ing. H. Opitz, Dr.-Ing. R. Piekenbrink, Dipl.-Ing. J. Bielefeld, Dipl.-Ing. K. Honrath, Aachen
Untersuchungen an Werkzeugmaschinenelementen

HEFT 672
Prof. Dr.-Ing. H. Opitz, Dipl.-Ing. H. Heiermann, Dipl.-Ing. B. Rupprecht, Aachen
Untersuchungen beim Innenrundschleifen

HEFT 673
Prof. Dr.-Ing. H. Opitz, Dipl.-Ing. H. Obrig, Dipl.-Ing. K. Ganser, Aachen
Die Bearbeitung von Werkstoffen durch funkenerosives Senken

Ein Gesamtverzeichnis der Forschungsberichte, die folgende Gebiete umfassen, kann bei Bedarf vom Verlag angefordert werden:
Acetylen / Schweißtechnik - Arbeitspsychologie und -wissenschaft - Bau / Steine / Erden - Bergbau - Biologie - Chemie - Eisenverarbeitende Industrie - Elektrotechnik / Optik - Fahrzeugbau - Gasmotoren - Farbe / Papier / Photographie - Fertigung - Gaswirtschaft - Hüttenwesen / Werkstoffkunde - Luftfahrt / Flugwissenschaften - Maschinenbau - Medizin / Pharmakologie / Physiologie - NE-Metalle - Physik - Schall / Ultraschall - Schiffahrt - Textiltechnik / Faserforschung / Wäschereiforschung - Turbinen - Verkehr - Wirtschaftswissenschaften.

MIX
Papier aus verantwortungsvollen Quellen
Paper from responsible sources
FSC® C105338

If you have any concerns about our products,
you can contact us on
ProductSafety@springernature.com

In case Publisher is established outside the EU,
the EU authorized representative is:
**Springer Nature Customer Service Center GmbH
Europaplatz 3, 69115 Heidelberg, Germany**

Printed by Libri Plureos GmbH
in Hamburg, Germany